もくじ

学校図書版
小学校算数
5年　準拠

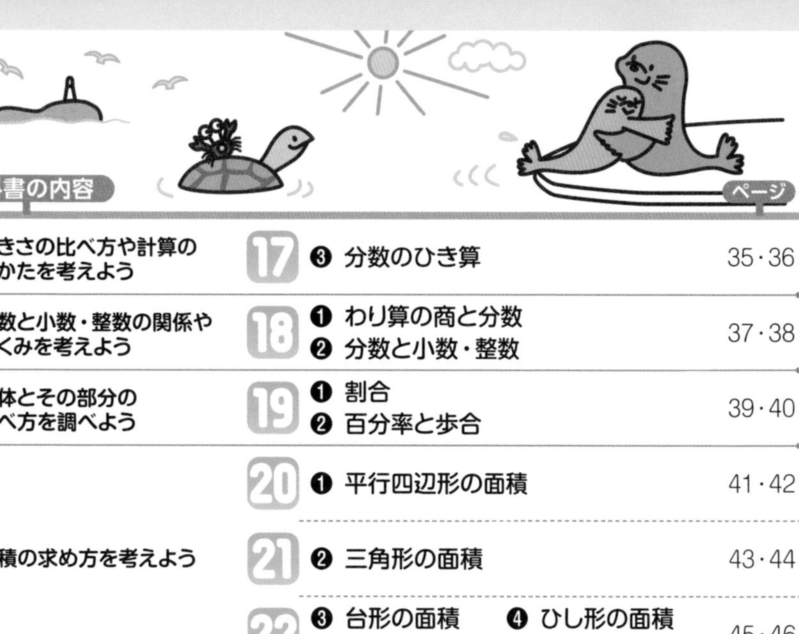

月　　日

1　数のしくみや大きさを調べよう

／100点

1 次の□にあてはまる数を書きましょう。　1つ10〔30点〕

❶ 2508＝1000×□＋100×□＋10×□＋1×□

❷ 25.08＝10×□＋1×□＋0.1×□＋0.01×□

❸ 2.508＝1×2＋□×5＋0.01×0＋□×8

2 次の数は、それぞれ〔　〕の中の数を何倍した数ですか。　1つ12〔24点〕

❶ 345 〔3.45〕

（　　　）

❷ 5850 〔5.85〕

（　　　）

3 次の数は、それぞれ〔　〕の中の数を何分の一にした数ですか。　1つ12〔24点〕

❶ 25.8 〔2580〕

（　　　）

❷ 0.754 〔75.4〕

（　　　）

4 次の数を求めましょう。　1つ11〔22点〕

❶ 0.85×10

（　　　）

❷ 32.7÷100

（　　　）

答えは
65ページ

教科書㊤13〜17ページ

月　日

1　数のしくみや大きさを調べよう

／100点

1 次の数を求めましょう。　1つ10〔40点〕

❶ 5.24 を 100 倍した数。　（　　　）

❷ 0.581 を 10 倍した数。　（　　　）

❸ 58.4 を $\frac{1}{10}$ にした数。　（　　　）

❹ 55.2 を $\frac{1}{100}$ にした数。　（　　　）

2 次の数を求めましょう。　1つ10〔40点〕

❶ 0.502×100　（　　　）

❷ 50.2×1000　（　　　）

❸ 32.8÷10　（　　　）

❹ 3.28÷1000　（　　　）

3 1、2、3、7、8 の 5 つの数字をどれも 1 回ずつと小数点を使って、次の小数を作りましょう。　1つ10〔20点〕

❶ 2 にいちばん近い数。　（　　　）

❷ 80 にいちばん近い数。　（　　　）

答えは
65ページ

教科書㊤ 21〜31 ページ

月　　日

2　形も大きさも同じ図形の性質やかき方を調べよう

❶ 合同な図形
❷ 合同な図形のかき方

／100点

1 下の図で、合同な図形はどれとどれですか。記号で答えましょう。

1つ12〔36点〕

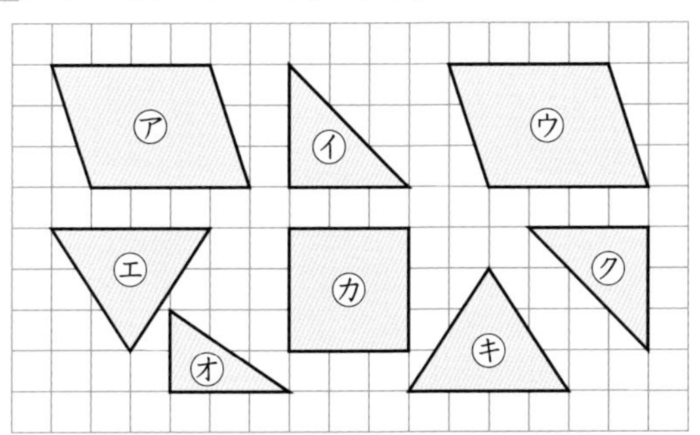

(　　と　　)
(　　と　　)
(　　と　　)

2 下の 2 つの三角形は合同です。

1つ12〔48点〕

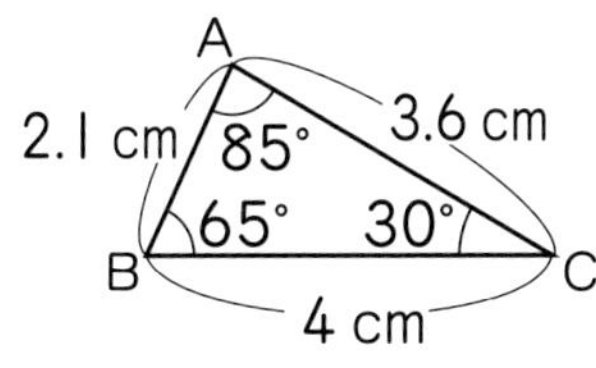

❶ 辺 AB（エービー）に対応（たいおう）する辺、角 C（シー）に対応する角はどれですか。

辺 AB (　　　)　角 C (　　　)

❷ 辺 DE（ディーイー）の長さは何cmですか。また、角 F（エフ）の大きさは何度ですか。

辺 DE (　　　)　角 F (　　　)

3 下の四角形で、対角線を 1 本引いてできる 2 つの三角形が合同になるものはどれですか。

〔16点〕

㋐ ひし形　　㋑ 平行四辺形　　㋒ 台形

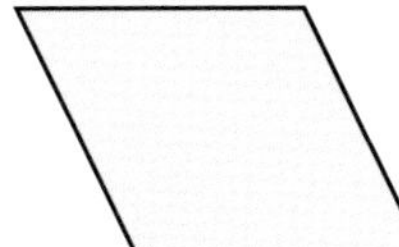

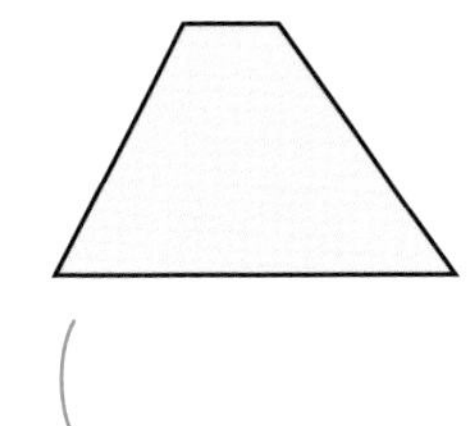

(　　　)

答えは 65ページ

教科書㊤ 21～31 ページ

月　日

2　形も大きさも同じ図形の性質やかき方を調べよう

❶ 合同な図形

❷ 合同な図形のかき方

／100点

1 次の三角形をかきましょう。　1つ20〔60点〕

❶ 2つの辺の長さが3cm、3.5cmで、その間の角の大きさが40°の三角形。

❷ 3つの辺の長さが4cm、3cm、2.5cmの三角形。

❸ 1つの辺の長さが4cmで、その両はしの角の大きさが70°と45°の三角形。

2 下の平行四辺形ABCD（エービーシーディー）と合同な平行四辺形をかきましょう。〔40点〕

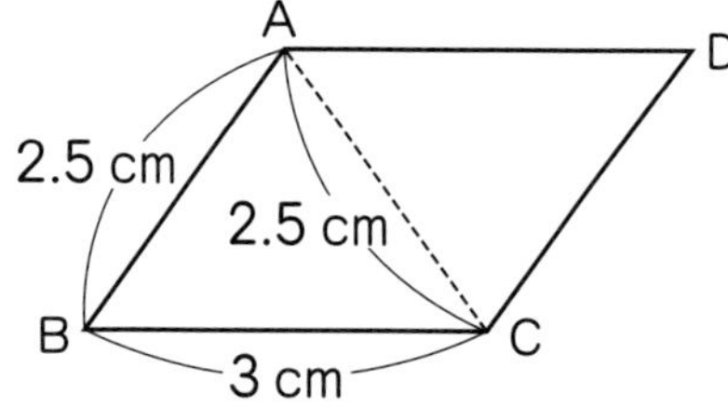

答えは
65ページ

月　日

3　ともなって変わる２つの量の変化や対応を調べよう

❶ ともなって変わる２つの量

❷ 比例

／100点

1 下の表は、ともなって変わる２つの量について調べたものです。あいているところに、あてはまる数を書きましょう。　1つ10〔20点〕

❶ 1mが70円のリボンの長さとその代金

長さ(m)	1	2	3	4	5
代金(円)	70	140			

❷ 200ページの本を1時間に20ページ読むときの、読んだ時間と残りのページ数

時間(時間)	1	2	3	4	5
ページ数(ページ)	180	160			

2 1Lの代金が210円の牛にゅうの量□Lと、代金○円の関係について調べましょう。　1つ20〔80点〕

❶ 牛にゅうの量□Lと代金○円の関係を、表にまとめましょう。

牛にゅうの量と代金

量□(L)	1	2	3	4	5	6
代金○(円)						

❷ 何が何に比例(ひれい)していますか。

(　　　　)が(　　　　)に比例している。

❸ □と○の関係を式に表しましょう。　(　　　　)

❹ 量が7Lのときの代金を求めましょう。

(　　　　)

答えは 65ページ

教科書㊤ 37～41 ページ

月　　日

10分

3　ともなって変わる２つの量の変化や対応を調べよう

❶ ともなって変わる２つの量
❷ 比例

／100点

1 次のともなって変わる２つの量で、○が□に比例しているものはどれですか。〔25点〕

㋐　1m120円のリボンを□m買うときの、代金○円

㋑　3kmの道のりを□km歩いたときの、残りの道のり○km

㋒　面積が12cm² の長方形の、たての長さ□cmと横の長さ○cm

（　　　　　　）

2 次の図のように、たて4cm、横2cmの長方形を横にならべていきます。このとき、ならべてできた長方形の横の長さと面積の関係を調べました。1つ25〔75点〕

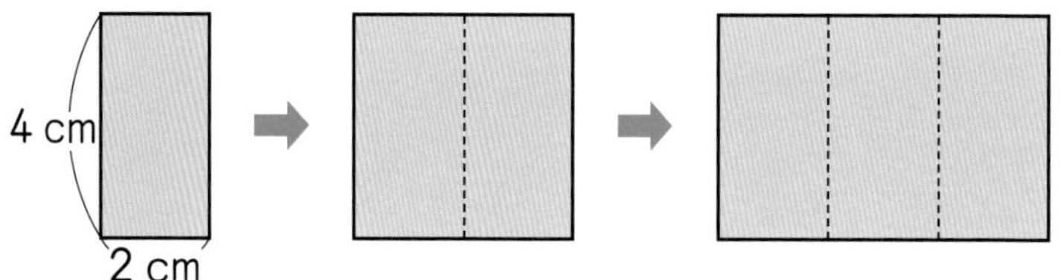

❶　横の長さ□cmと面積○cm² の関係を、表にまとめましょう。

長方形の横の長さと面積

横の長さ□(cm)	2	4	6	8	
面積○(cm²)					

❷　□と○の関係を式に表しましょう。（　　　　　　）

❸　面積が56cm² のときの、長方形の横の長さを求めましょう。

（　　　　　　）

答えは 65ページ

月　　日

4　同じ大きさにならして考えよう

／100点

1 次の量や人数、点数の平均(へいきん)を求めましょう。　1つ14〔42点〕

❶ 19L、18L、24L、15L

（　　　　）

❷ 35人、28人、37人、32人、30人、36人

（　　　　）

❸ 8点、7点、0点、6点、8点、10点

（　　　　）

2 下の表は、先週けいこさんが読書をした時間を表しています。先週1日に平均何分間の読書をしたことになりますか。

1つ15〔30点〕

読書の時間

曜日	月	火	水	木	金	土	日
時間(分)	55	35	45	35	40	45	60

【式】

答え（　　　　）

3 1日に平均20ページずつ本を読むと、20日間では全部で何ページ読むことになりますか。　1つ14〔28点〕

【式】

答え（　　　　）

答えは
65ページ

4　同じ大きさにならして考えよう

／100点

1 次の時間や重さの平均(へいきん)を求めましょう。　1つ10〔20点〕

❶ 43秒、51秒、38秒、47秒、29秒、44秒　(　　　)

❷ 6kg、2kg、0kg、7kg　(　　　)

2 みうさんが30歩歩いたときの長さを何回かはかったら、平均15.9mありました。　1つ10〔40点〕

❶ みうさんの歩はばは約何mですか。

【式】

答え(　　　)

❷ みうさんが、家から学校まで歩いたところ、1510歩でした。❶の結果を使うと、家から学校までの道のりは約何mと考えられますか。小数第一位を四捨五入(ししゃごにゅう)して求めましょう。

【式】

答え(　　　)

3 下の重さは、箱の中から5個のみかんを取り出してはかったものです。　1つ10〔40点〕

110g　135g　120g　140g　120g

❶ 5個のみかんの重さの平均は何gですか。

【式】

答え(　　　)

❷ 箱に2kg分のみかんが入っているとき、入っているみかんの個数は何個と考えられますか。

【式】

答え(　　　)

答えは66ページ

月　日

10分

5　整数の分け方について考えよう

❶ 偶数と奇数

❷ 倍数と公倍数 ①

／100点

1 次の整数を、偶数（ぐうすう）と奇数（きすう）に分けましょう。　1つ5〔10点〕

0　3　32　85　219　756

偶数

奇数

2 1から20までの数について調べましょう。　1つ9〔27点〕

❶ 3の倍数を全部求めましょう。（　　　　）

❷ 5の倍数を全部求めましょう。（　　　　）

❸ 3と5の公倍数を全部求めましょう。（　　　　）

3 次の数の倍数を、小さい方から順に3つ求めましょう。1つ9〔18点〕

❶ 4（　　　　）　❷ 15（　　　　）

4 次の組の数の公倍数を、小さい方から順に3つ求めましょう。　1つ9〔45点〕

❶（5、9）（　　　　）

❷（4、8）（　　　　）

❸（8、10）（　　　　）

❹（10、15）（　　　　）

❺（2、3、6）（　　　　）

答えは
66ページ

教科書㊤ 57〜65 ページ

月　日

5　整数の分け方について考えよう

❶ 偶数と奇数
❷ 倍数と公倍数 ①

／100点

1 1、2、3 の数字を 1 回ずつ使ってできる 3 けたの整数のうちで、いちばん小さい偶数はいくつですか。〔10点〕

（　　　　）

2 1 から 40 までの数について調べましょう。1つ9〔27点〕

❶ 4 の倍数は何個（こ）ありますか。

（　　　　）

❷ 6 の倍数は何個ありますか。

（　　　　）

❸ 4 と 6 の公倍数は何個ありますか。

（　　　　）

3 次の組の数の最小公倍数を求めましょう。1つ9〔63点〕

❶（5、8）

（　　　　）

❷（6、14）

（　　　　）

❸（4、10）

（　　　　）

❹（9、12）

（　　　　）

❺（16、12）

（　　　　）

❻（8、20）

（　　　　）

❼（4、9、18）

（　　　　）

答えは
66ページ

教科書㊤ 66～70 ページ　　月　　日

5　整数の分け方について考えよう

❷ 倍数と公倍数 ②

❸ 約数と公約数

／100点

1 次の数の約数を全部求めましょう。　1つ5〔10点〕

❶ 32　（　　）

❷ 42　（　　）

2 次の組の数の公約数を、全部求めましょう。　1つ10〔50点〕

❶ （16、28）　（　　）

❷ （25、35）　（　　）

❸ （32、48）　（　　）

❹ （18、54）　（　　）

❺ （6、15、24）　（　　）

3 次の組の数の最大公約数を求めましょう。　1つ10〔20点〕

❶ （10、6）（　　）　❷ （30、40）（　　）

4 高さ5cmの箱と高さ7cmの箱をそれぞれ積んでいきます。高さが初めて等しくなるのは、高さが何cmのときですか。〔10点〕

（　　）

5 たて8cm、横20cmの方眼紙（ほうがんし）があります。この方眼紙から同じ大きさの正方形を、むだのないように切り取っていきます。正方形の1辺の長さがいちばん大きくなるのは何cmのときですか。〔10点〕

（　　）

答えは
66ページ

かくにん 6

教科書㊤ 66〜70 ページ

月　日

5 整数の分け方について考えよう

❷ 倍数と公倍数 ②

❸ 約数と公約数

／100点

1 次の組の数の公約数を、全部求めましょう。 1つ5〔10点〕

❶ （24、32）　（　　　）

❷ （15、20、35）　（　　　）

2 次の組の数の最大公約数を求めましょう。 1つ10〔60点〕

❶ （10、24）　（　　　）

❷ （7、18）　（　　　）

❸ （32、40）　（　　　）

❹ （45、75）　（　　　）

❺ （36、81）　（　　　）

❻ （12、30、42）　（　　　）

3 ある駅を、バスは 15 分おきに、電車は 9 分おきに発車しています。午前 7 時にバスと電車が同時に出発しました。次に同時に出発するのは何時何分ですか。 〔15点〕

（　　　）

4 りんごが 24 個（こ）、みかんが 56 個あります。あまりが出ないように、それぞれ同じ数ずつ、できるだけ多くの人数で分けます。分ける人数は何人ですか。 〔15点〕

（　　　）

答えは 66ページ

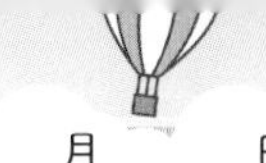

月　　日

6　1つ分に表して比べる方法を考えよう

／100点

1 24m^2 の花だん㋐に、チューリップが 120 本植えてあります。25m^2 の花だん㋑には、チューリップが 130 本植えてあります。どちらの花だんの方がこんでいますか。　1つ8〔16点〕

【式】

答え（　　　　）

2 右の表は、南町と北町の人口と面積を表したものです。それぞれの町の人口密度(みつど)を求めましょう。　1つ12〔24点〕

人口と面積

	人口(人)	面積(km^2)
南町	74800	88
北町	27520	32

【式】

答え　南町（　　　　）　北町（　　　　）

3 長さが 5m で、重さが 125g のはり金があります。　1つ10〔60点〕

❶　このはり金の、1m あたりの重さは何 g ですか。

【式】

答え（　　　　）

❷　このはり金 12m の重さは何 g ですか。

【式】

答え（　　　　）

❸　同じはり金の重さを量ったら、800g ありました。このはり金の長さは何 m ですか。

【式】

答え（　　　　）

答えは
66ページ

教科書㊤ 77〜85 ページ

月　　日

6　1つ分に表して比べる方法を考えよう

／100点

1 さとるさんの町の人口は 9120 人で、面積は 24 km^2 です。この町の人口密度(みつど)を求めましょう。　1つ10〔20点〕

【式】

答え（　　　）

2 12 本で 1140 円の赤えん筆と、5 本で 490 円の青えん筆では、どちらが高いといえますか。1 本あたりのねだんで比(くら)べましょう。　1つ10〔20点〕

【式】

答え（　　　）

3 ガソリン 12L で 132km 走る車があります。　1つ10〔60点〕

❶ この車は、1L のガソリンで何km 走りますか。

【式】

答え（　　　）

❷ この車は、35L のガソリンで何km 走りますか。

【式】

答え（　　　）

❸ この車が 528km 走るとき、ガソリンを何L 使いますか。

【式】

答え（　　　）

答えは 66ページ

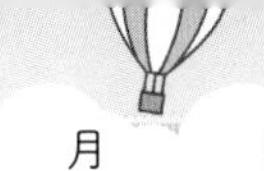

教科書㊤ 95〜104 ページ　月　日

7　計算のしかたやきまりを考えよう

❶ 整数×小数の計算
❷ 小数×小数の計算

／100点

1 次の計算を筆算でしましょう。　1つ8〔72点〕

❶ 80×6.7　❷ 3×1.8　❸ 52×3.4

❹ 4.3×2.7　❺ 6.8×4.5　❻ 5.24×1.5

❼ 9.7×0.8　❽ 0.7×0.6　❾ 0.04×0.7

2 積が 6.7 より大きくなるのはどれですか。　〔12点〕

㋐ 6.7×0.8　㋑ 6.7×2.5　㋒ 6.7×1

（　　　）

3 たて 8.3m、横 1.6m の長方形の土地の面積は何 m^2 ですか。

【式】　1つ8〔16点〕

答え（　　　）

答えは
66ページ

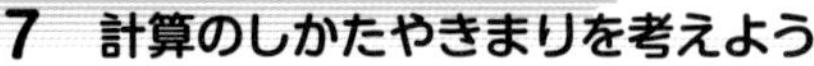

月　日

7　計算のしかたやきまりを考えよう

❶ 整数×小数の計算
❷ 小数×小数の計算

／100点

1 次の計算を筆算でしましょう。　1つ8〔48点〕

❶ 46×7.5　❷ 5.3×4.7　❸ 0.65×7.8

❹ 0.35×0.16　❺ 6.4×3.25　❻ 0.9×1.87

2 次の計算で、□にあてはまる等号か不等号を書きましょう。

1つ5〔20点〕

❶ 8.2×2.4 □ 8.2　❷ 8.2×0.9 □ 8.2

❸ 8.2×1 □ 8.2　❹ 8.2×0.1 □ 8.2

3 1mあたりの重さが2.6kgの木のぼうがあります。　1つ8〔32点〕

❶ この木のぼう1.8mの重さは何kgですか。

【式】

答え（　　　）

❷ この木のぼう0.7mの重さは何kgですか。

【式】

答え（　　　）

答えは
67ページ

きほん 9

教科書㊤ 105〜106 ページ　　月　　日

7　計算のしかたやきまりを考えよう

❸ 計算のきまり

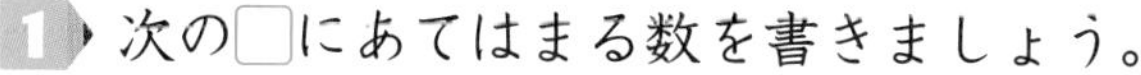

／100点

1 次の□にあてはまる数を書きましょう。　1つ18〔72点〕

❶ $2.3\times2.5\times4=2.3\times\square=\square$

❷ $1.8\times2.5+8.2\times2.5=(\square+\square)\times\square$

$=\square\times\square=\square$

❸ $5.6\times1.2-0.6\times1.2=(\square-\square)\times\square$

$=\square\times\square=\square$

❹ $8.5\times4=(9-\square)\times4$

$=9\times\square-\square\times4=\square$

2 たて 4.5m、横 2m の長方形の花だんがあります。横を 0.8m 長くすると、花だんの面積は何m^2になりますか。　1つ14〔28点〕

【式】

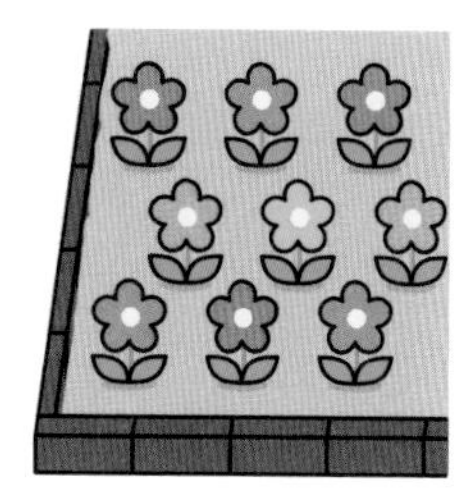

答え（　　　）

答えは 67ページ

月　日

10分

7 計算のしかたやきまりを考えよう

❸ 計算のきまり

／100点

1 くふうして計算しましょう。　1つ10〔60点〕

❶ $0.6 \times 2.5 \times 5$

❷ $80 \times 3.2 \times 0.5$

❸ $3.8 \times 1.6 + 1.2 \times 1.6$

❹ $2.5 \times 2.8 - 0.5 \times 2.8$

❺ $23 \times 8.7 - 23 \times 1.7$

❻ $6.5 \times 1.2 + 6.5 \times 98.8$

2 右の長方形の面積は何 m^2 ですか。　1つ10〔20点〕

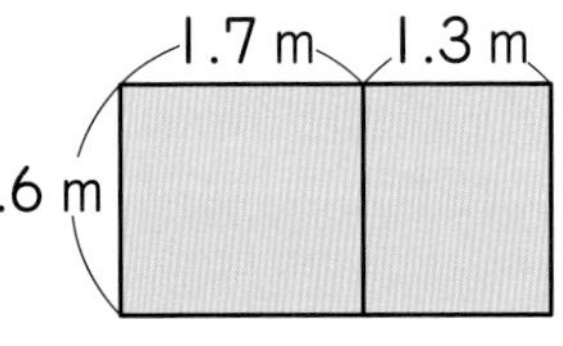

【式】

答え（　　　　）

3 こうたさんの家の花だんは、たて 4.6 m、横 2.4 m の長方形、ゆのさんの家の花だんは、たて 4.6 m、横 1.4 m の長方形です。どちらの花だんがどれだけ広いですか。　1つ10〔20点〕

【式】

答え（　　　　）の家の花だんが（　　　　）広い。

答えは 67 ページ

8 計算のしかたを考えよう

❶ 整数÷小数の計算
❷ 小数÷小数の計算 ①

／100点

1 長さが 2.5 m のぼうの重さを量ったら、550 g でした。このぼう 1 m の重さは何 g ですか。

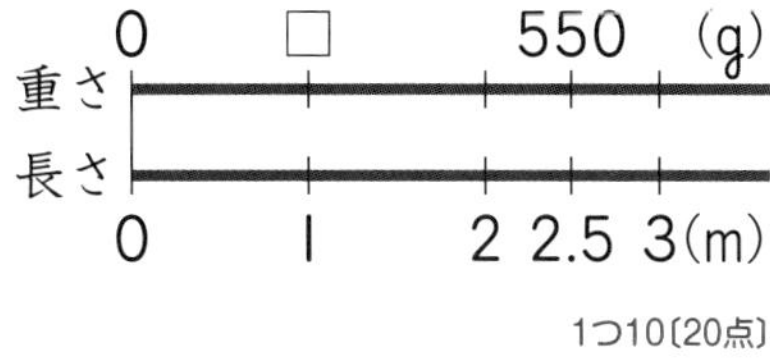

【式】　　1つ10〔20点〕

答え（　　　）

2 次の計算を筆算でしましょう。　　1つ10〔40点〕

❶ 6÷1.2　　❷ 2.52÷1.8

❸ 6.4÷1.6　　❹ 7.8÷0.6

3 面積が 91 m^2 で、たての長さが 6.5 m の長方形の花だんがあります。横の長さは何 m ですか。　　1つ10〔20点〕

【式】

答え（　　　）

4 3.5 m の重さが 1.05 kg のはり金があります。このはり金 1 m の重さは何 kg ですか。　　1つ10〔20点〕

【式】

答え（　　　）

答えは 67ページ

月　　日

8　計算のしかたを考えよう
❶ 整数÷小数の計算
❷ 小数÷小数の計算 ①

／100点

1 次の計算を筆算でしましょう。 1つ10〔40点〕

❶ 49÷3.5　　❷ 7.93÷1.3

❸ 6.09÷8.7　　❹ 3.6÷0.9

2 次のぼうの 1m の重さを求めましょう。 1つ10〔40点〕

❶ 1.5mで4.95kg のぼう

【式】

答え（　　　）

❷ 0.8m で 2.88kg のぼう

【式】

答え（　　　）

3 次の計算で、□にあてはまる不等号を書きましょう。 1つ10〔20点〕

❶ 132÷1.4 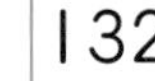 132　　❷ 132÷0.8 □ 132

答えは
67ページ

教科書上 118～123 ページ　月　日

8　計算のしかたを考えよう

❷ 小数÷小数の計算 ②
❸ 図にかいて考えよう

／100点

1 次の計算を筆算でしましょう。　1つ12〔24点〕

❶ 0.7÷0.5　❷ 2.85÷1.14

2 商は、小数第三位を四捨五入(ししゃごにゅう)して、小数第二位までのがい数で求めましょう。　1つ12〔24点〕

❶ 6.5÷3.9　❷ 12.6÷1.3

3 商は整数で求め、あまりも出しましょう。　1つ12〔24点〕

❶ 4÷0.6　❷ 7.01÷3.4

4 8.7kg の米を、2.5kg ずつふくろに入れます。米 2.5kg 入りのふくろは何ふくろできて、何kg あまりますか。　1つ14〔28点〕

【式】

答え（　　　）できて、（　　　）あまる。

答えは 67ページ

教科書㊤ 118〜123 ページ

月　日

8　計算のしかたを考えよう

❷ 小数÷小数の計算 ②

❸ 図にかいて考えよう

／100点

1 次の計算を筆算でしましょう。　1つ10〔20点〕

❶ 9.1÷6.5　　❷ 0.26÷1.04

2 商は、小数第三位を四捨五入して、小数第二位までのがい数で求めましょう。　1つ10〔20点〕

❶ 0.98÷4.7　　❷ 5.41÷6.7

3 商は整数で求め、あまりも出しましょう。　1つ10〔20点〕

❶ 7.8÷3.7　　❷ 9.42÷2.7

4 1 m^2 の花だんに 3.8L の水をまきます。　1つ10〔40点〕

❶ 1.5 m^2 の花だんには、何Lの水をまくことになりますか。

【式】

答え（　　　　）

❷ 9.5L の水では、何 m^2 にまくことができますか。

【式】

答え（　　　　）

答えは 67ページ

9 三角形や四角形の角について調べよう

❶ 三角形の角の大きさの和 ❷ 四角形の角の大きさの和 ❸ 多角形の角の大きさの和

／100点

1 次の□にあてはまる数やことばを書きましょう。 1つ10〔40点〕

① 三角形の3つの角の大きさの和は□°です。

② 5本の直線で囲（かこ）まれた図形を□、6本の直線で囲まれた図形を□といい、そのような直線だけで囲まれた図形を□といいます。

2 次の㋐～㋒の角の大きさを、計算で求めましょう。 1つ10〔30点〕

① 二等辺三角形

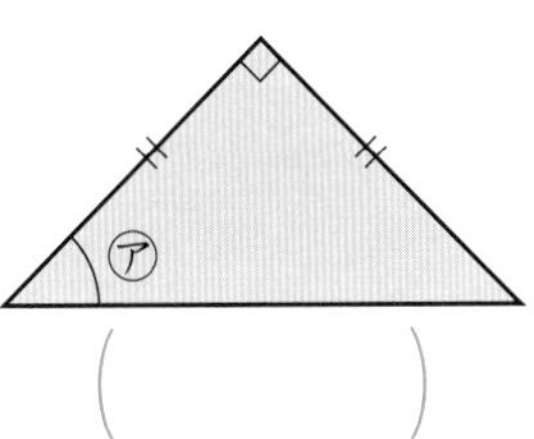

（　　　）

②

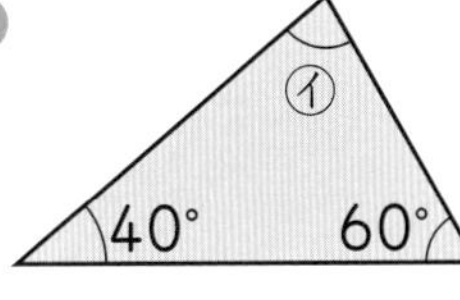

（　　　）

③

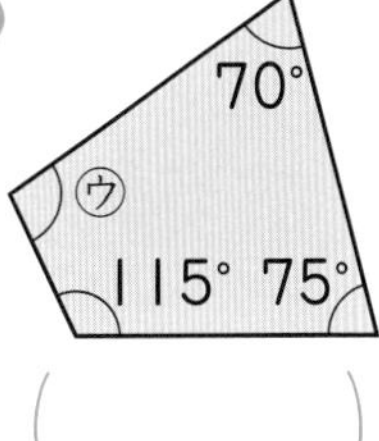

（　　　）

3 次の㋐～㋒の角の大きさを、計算で求めましょう。 1つ10〔30点〕

① 25°　50°　㋐

（　　　）

②

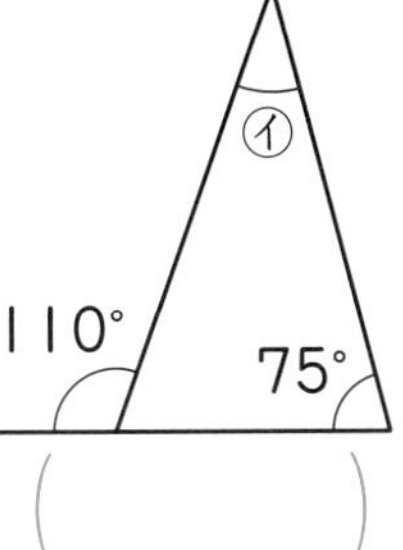

（　　　）

③

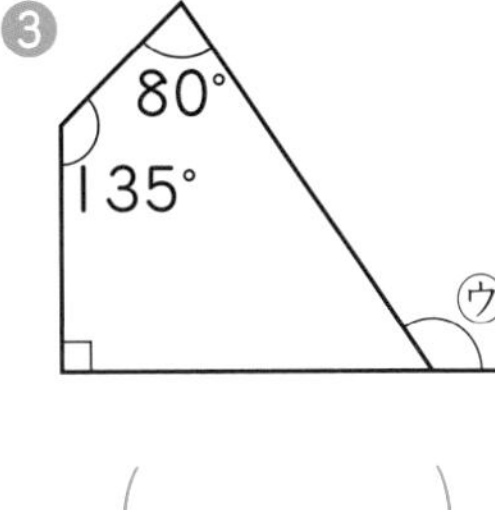

（　　　）

答えは67ページ

かくにん 12

教科書㊤133〜141 ページ　　月　　日

9　三角形や四角形の角について調べよう

❶ 三角形の角の大きさの和　❷ 四角形の角の大きさの和　❸ 多角形の角の大きさの和

／100点

1 多角形は１つの頂点（ちょうてん）から対角線を引いていくつかの三角形に分けられます。下の表は、分けられる三角形の数と、多角形の角の大きさの和についてまとめたものです。㋐〜㋓にあてはまる数や角度を書きましょう。　1つ10〔40点〕

	三角形	四角形	五角形	六角形
三角形の数	１	2	3	㋒
角の大きさの和	180°	㋐	㋑	㋓

㋐（　　　）　㋑（　　　）　㋒（　　　）　㋓（　　　）

2 次の㋐〜㋒の角の大きさを、計算で求めましょう。　1つ10〔30点〕

❶ 30°　㋐

❷
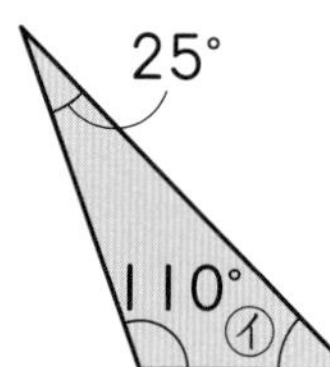

❸
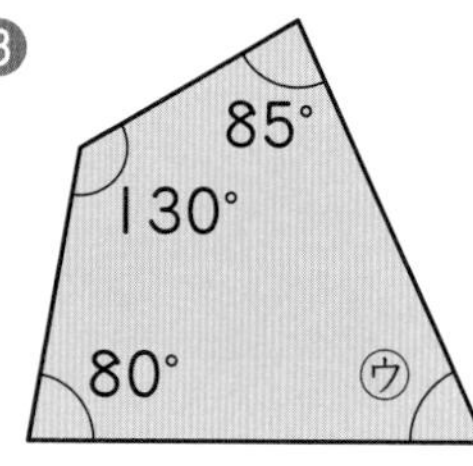

（　　　）　（　　　）　（　　　）

3 次の㋐〜㋒の角の大きさを、計算で求めましょう。　1つ10〔30点〕

❶ 105°　115°　㋐

❷
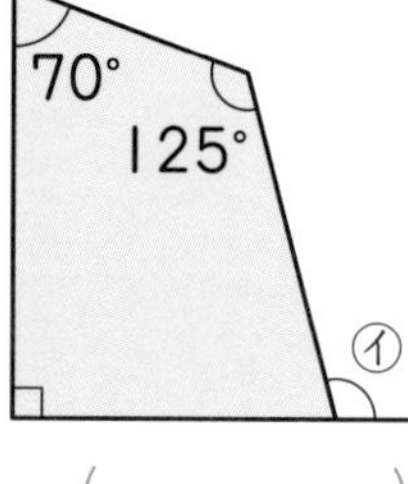

❸ １組の三角定規（じょうぎ）
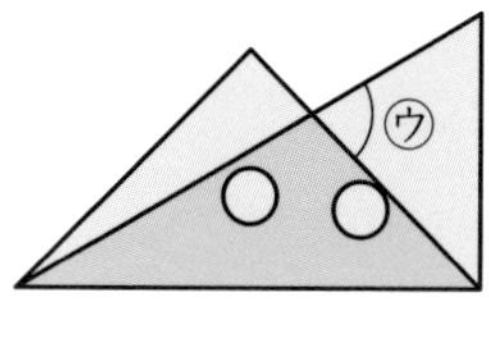

（　　　）　（　　　）　（　　　）

答えは67ページ

月　　日

10分

10　どれが速いか比べ方や表し方を考えよう

／100点

1 右の表は、さとしさんとこうたさんが走った道のりと、かかった時間を表したものです。　1つ8〔72点〕

走った道のりと時間

	道のり(m)	時間(秒)
さとし	60	10
こうた	80	16

❶　1秒間に何m走りましたか。

〈さとし〉【式】

答え（　　　）

〈こうた〉【式】

答え（　　　）

❷　1m走るのに何秒かかりましたか。わり切れないときは、$\frac{1}{1000}$の位を四捨五入(ししゃごにゅう)して答えましょう。

〈さとし〉【式】

答え（　　　）

〈こうた〉【式】

答え（　　　）

❸　さとしさんとこうたさんでは、どちらが速いですか。

（　　　）

2 3時間に144km走るトラックの速さは、時速何kmですか。

【式】　1つ7〔14点〕

答え（　　　）

3 1kmを20分間で歩きました。分速何mで歩きましたか。

【式】　1つ7〔14点〕

答え（　　　）

答えは
67ページ

かくにん 13

教科書㊤ 146～149 ページ

月　　日

10分

10　どれが速いか比べ方や表し方を考えよう

／100点

1 右の表は、A（エー）さんとB（ビー）さんが自転車で走った道のりと、かかった時間を表したものです。　1つ8〔40点〕

走った道のりと時間

	道のり（m）	時間（分）
A	2600	10
B	1500	6

❶ 1分間あたりに走った道のりを求めましょう。

〈A〉【式】

答え（　　　）

〈B〉【式】

答え（　　　）

❷ AさんとBさんでは、どちらが速いですか。（　　　）

2 ハトが、30分間で27000m飛びました。このハトの飛ぶ速さは、分速何mですか。また、秒速と時速も求めましょう。

【式】　1つ15〔30点〕

答え（　　　、　　　、　　　）

3 急行列車が2時間で216km進みました。この急行列車の速さは、時速何kmですか。また、分速と秒速も求めましょう。

【式】　1つ15〔30点〕

答え（　　　、　　　、　　　）

答えは68ページ

10　どれが速いか比べ方や表し方を考えよう

／100点

1 次の表の㋐〜㋕にあてはまる数を書きましょう。　1つ8〔48点〕

	時速	分速	秒速
飛行機	㋐　km	㋑　km	200 m
バス	36 km	㋒　m	㋓　m
キリン	㋔　km	900 m	㋕　m

2 分速 350 m で走る自転車は、20 分間に何 m 進みますか。

【式】　1つ8〔16点〕

答え（　　　）

3 分速 60 m で歩く人は、1500 m 進むのに何分かかりますか。

【式】　1つ8〔16点〕

答え（　　　）

4 分速 250 m で走る自転車は、3.5 km を何分で走りますか。

【式】　1つ10〔20点〕

答え（　　　）

答えは
68ページ

教科書㊤ 149～151 ページ

月　日

10　どれが速いか比べ方や表し方を考えよう

／100点

1 次の㋐～㋔を、速い順にならべましょう。〔16点〕

㋐　分速 400 m で走る自転車

㋑　4 時間に 108 km 走る貨物船

㋒　時速 35 km で走る路面電車

㋓　100 m を 12 秒で走る陸上選手

㋔　15 分で 9 km 飛ぶ鳥

（　　　　　　）

2 駅から病院まで、バスで 25 分かかります。バスが時速 48 km で走るとき、駅から病院までの道のりは何 km ですか。1つ14〔28点〕

【式】

答え（　　　　）

3 時速 60 km の速さで走る自動車で、橋をわたる時間を計ったら、1 分 30 秒かかりました。橋の長さは何 m ですか。1つ14〔28点〕

【式】

答え（　　　　）

4 家から駅まで 1.2 km の道のりを、分速 160 m の速さの自転車で行くと、駅につくまでに何分何秒かかりますか。1つ14〔28点〕

【式】

答え（　　　　）

答えは
68ページ

月　日

11　大きさの比べ方や計算のしかたを考えよう

❶ 大きさの等しい分数

／100点

1 次の□にあてはまる数を書きましょう。　1つ5〔10点〕

❶ $\frac{2}{8}=\frac{1}{\square}=\frac{\square}{12}$　❷ $\frac{4}{7}=\frac{8}{\square}=\frac{\square}{35}$

2 次の分数を約分しましょう。　1つ6〔24点〕

❶ $\frac{9}{18}$　(　　)　❷ $\frac{8}{12}$　(　　)

❸ $\frac{6}{15}$　(　　)　❹ $\frac{18}{24}$　(　　)

3 次の組の分数を通分して、□に不等号を書きましょう。

1つ10〔30点〕

❶ $\frac{5}{8}\square\frac{5}{6}$　❷ $\frac{4}{7}\square\frac{3}{5}$　❸ $\frac{7}{8}\square\frac{5}{7}$

4 次の分数を通分しましょう。　1つ6〔36点〕

❶ $\left(\frac{1}{5}、\frac{1}{4}\right)$　(　　、　　)　❷ $\left(\frac{3}{8}、\frac{5}{6}\right)$　(　　、　　)

❸ $\left(\frac{2}{3}、\frac{1}{6}\right)$　(　　、　　)　❹ $\left(\frac{9}{16}、\frac{5}{24}\right)$　(　　、　　)

❺ $\left(\frac{1}{3}、\frac{1}{4}、\frac{1}{6}\right)$　❻ $\left(\frac{3}{4}、\frac{7}{6}、\frac{5}{8}\right)$

(　　、　　、　　)　(　　、　　、　　)

答えは
68ページ

月　　日

11　大きさの比べ方や計算のしかたを考えよう

❶ 大きさの等しい分数

／100点

1 次の分数を約分して、$\frac{2}{5}$ と大きさの等しい分数を見つけ、記号で答えましょう。〔15点〕

㋐ $\frac{4}{6}$　㋑ $\frac{3}{12}$　㋒ $\frac{6}{9}$　㋓ $\frac{2}{10}$　㋔ $\frac{8}{20}$　㋕ $\frac{14}{35}$

（　　　）

2 次の分数を約分しましょう。1つ10〔40点〕

❶ $\frac{6}{24}$（　　　）　❷ $\frac{20}{32}$（　　　）

❸ $\frac{48}{72}$（　　　）　❹ $\frac{27}{81}$（　　　）

3 次の組の分数を通分して、□に不等号を書きましょう。1つ5〔15点〕

❶ $\frac{3}{8}$ □ $\frac{7}{12}$　❷ $\frac{5}{18}$ □ $\frac{2}{9}$　❸ $\frac{5}{6}$ □ $\frac{7}{10}$

4 次の分数を通分しましょう。1つ5〔30点〕

❶ $\left(\frac{2}{5}、\frac{2}{9}\right)$（　　、　　）　❷ $\left(\frac{3}{4}、\frac{1}{8}\right)$（　　、　　）

❸ $\left(\frac{5}{8}、\frac{7}{10}\right)$（　　、　　）　❹ $\left(\frac{7}{12}、\frac{9}{20}\right)$（　　、　　）

❺ $\left(1\frac{4}{15}、2\frac{7}{20}\right)$　❻ $\left(\frac{2}{3}、\frac{7}{8}、\frac{5}{12}\right)$

（　　、　　）　（　　、　　、　　）

答えは
68ページ

きほん 16

教科書㊦ 10～12 ページ　　月　　日

11　大きさの比べ方や計算のしかたを考えよう

❷ 分数のたし算

／100点

1 次の□にあてはまる数を書きましょう。　1つ10〔20点〕

❶ 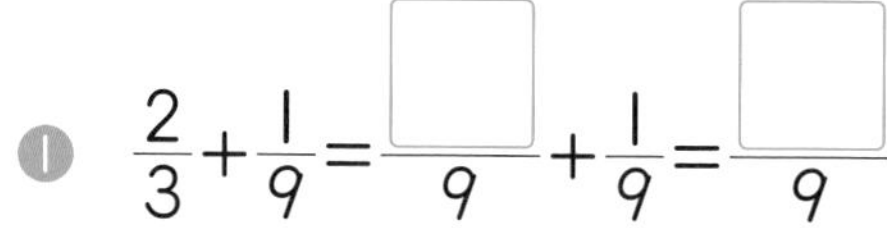

$\frac{2}{3}+\frac{1}{9}=\frac{\square}{9}+\frac{1}{9}=\frac{\square}{9}$

❷ 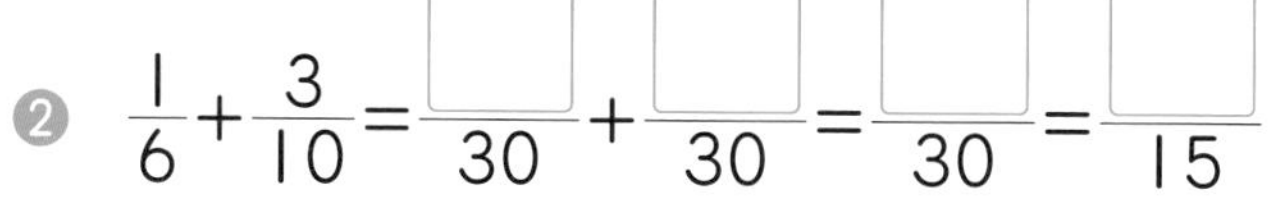

$\frac{1}{6}+\frac{3}{10}=\frac{\square}{30}+\frac{\square}{30}=\frac{\square}{30}=\frac{\square}{15}$

2 次の計算をしましょう。　1つ8〔80点〕

❶ $\frac{1}{3}+\frac{1}{4}$

❷ $\frac{1}{2}+\frac{2}{5}$

❸ $\frac{1}{4}+\frac{1}{6}$

❹ $\frac{5}{6}+\frac{1}{8}$

❺ $\frac{3}{7}+\frac{1}{14}$

❻ $\frac{1}{12}+\frac{3}{4}$

❼ $\frac{2}{5}+\frac{2}{3}$

❽ $\frac{7}{10}+\frac{5}{6}$

❾ $2\frac{3}{8}+1\frac{2}{5}$

❿ $1\frac{5}{6}+\frac{7}{18}$

答えは 68ページ

教科書㊦ 10〜12 ページ

月　日

11　大きさの比べ方や計算のしかたを考えよう

❷ 分数のたし算

／100点

1 次の計算をしましょう。　1つ8〔80点〕

❶ $\frac{2}{7}+\frac{1}{2}$

❷ $\frac{3}{5}+\frac{1}{7}$

❸ $\frac{5}{12}+\frac{7}{8}$

❹ $\frac{7}{15}+\frac{5}{18}$

❺ $4\frac{1}{8}+2\frac{5}{12}$

❻ $1\frac{1}{6}+2\frac{4}{15}$

❼ $2\frac{2}{3}+3\frac{5}{8}$

❽ $4\frac{5}{12}+3\frac{3}{4}$

❾ $1\frac{1}{12}+1\frac{19}{24}$

❿ $3\frac{5}{6}+4\frac{5}{21}$

2 お兄さんは $\frac{5}{8}$L、かえでさんは $\frac{3}{7}$L の牛にゅうを飲みました。2人の飲んだ牛にゅうの量は、合わせて何Lになりますか。

【式】　1つ5〔10点〕

答え（　　　）

3 長さが $1\frac{2}{9}$m のはり金と、$1\frac{5}{6}$m のはり金があります。2本のはり金の長さは、合わせて何mになりますか。　1つ5〔10点〕

【式】

答え（　　　）

答えは
68ページ

きほん 17

教科書㊦13～16ページ　　月　　日

11　大きさの比べ方や計算のしかたを考えよう

❸ 分数のひき算

／100点

1 次の□にあてはまる数を書きましょう。　1つ10〔20点〕

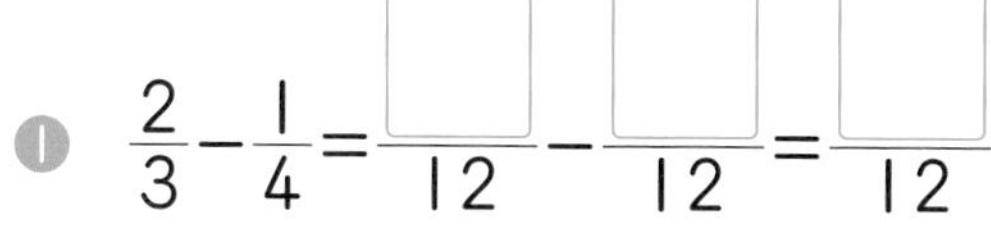

❶ $\frac{2}{3}-\frac{1}{4}=\frac{\square}{12}-\frac{\square}{12}=\frac{\square}{12}$

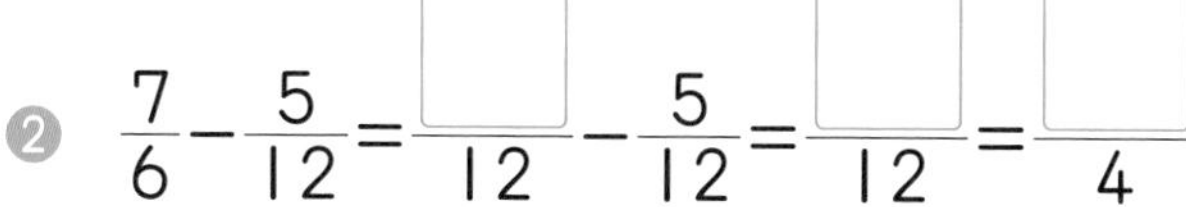

❷ $\frac{7}{6}-\frac{5}{12}=\frac{\square}{12}-\frac{5}{12}=\frac{\square}{12}=\frac{\square}{4}$

2 次の計算をしましょう。　1つ8〔80点〕

❶ $\frac{2}{3}-\frac{1}{2}$

❷ $\frac{1}{3}-\frac{1}{8}$

❸ $\frac{3}{4}-\frac{5}{12}$

❹ $\frac{1}{2}-\frac{3}{10}$

❺ $\frac{7}{6}-\frac{5}{9}$

❻ $\frac{3}{2}-\frac{1}{3}$

❼ $4\frac{1}{4}-3\frac{1}{12}$

❽ $5\frac{1}{6}-2\frac{4}{15}$

❾ $\frac{3}{4}+\frac{1}{8}-\frac{1}{2}$

❿ $\frac{4}{5}-\frac{1}{15}+\frac{2}{3}$

答えは
69ページ

教科書㋦13～16ページ

月　　日

11　大きさの比べ方や計算のしかたを考えよう

❸ 分数のひき算

／100点

1 次の計算をしましょう。　1つ8〔80点〕

❶ $\frac{5}{7}-\frac{1}{4}$　　❷ $\frac{3}{5}-\frac{1}{10}$

❸ $\frac{9}{8}-\frac{3}{4}$　　❹ $\frac{6}{5}-\frac{7}{10}$

❺ $1\frac{5}{6}-\frac{7}{18}$　　❻ $2\frac{1}{3}-1\frac{3}{8}$

❼ $4\frac{2}{3}-1\frac{5}{6}$　　❽ $4\frac{1}{6}-2\frac{7}{10}$

❾ $\frac{5}{12}+\frac{5}{6}-\frac{1}{3}$　　❿ $\frac{5}{8}-\frac{7}{16}+\frac{3}{4}$

2 さつきさんの家には、さとうが$\frac{8}{9}$kgありました。$\frac{2}{3}$kg使ったら、さとうは何kg残っていますか。　1つ5〔10点〕

【式】

答え（　　　）

3 ゆうとさんは$\frac{4}{5}$L、妹は$\frac{3}{10}$Lのジュースを飲みました。飲んだジュースの量は、どちらが何L多いですか。　1つ5〔10点〕

【式】

答え（　　　）が（　　　）多い。

答えは
69ページ

教科書㊦ 21～28 ページ　　月　日

12 分数と小数・整数の関係やしくみを考えよう

❶ わり算の商と分数
❷ 分数と小数・整数

／100点

1 次の商を分数で表しましょう。　1つ5〔10点〕

❶ $3 \div 5$　（　　　）　❷ $7 \div 12$　（　　　）

2 次の問いに、分数で答えましょう。　1つ6〔12点〕

❶ 3kg は、7kg の何倍ですか。　（　　　）

❷ 4m は、5m の何倍ですか。　（　　　）

3 次の分数は小数や整数で、小数や整数は分数で表しましょう。　1つ6〔48点〕

❶ $\frac{7}{10}$　（　　　）　❷ $\frac{1}{4}$　（　　　）

❸ $\frac{51}{17}$　（　　　）　❹ $\frac{43}{100}$　（　　　）

❺ $2\frac{2}{5}$　（　　　）　❻ 1.3　（　　　）

❼ 0.39　（　　　）　❽ 6　（　　　）

4 次の□にあてはまる小数や分数を求めましょう。　1つ5〔30点〕

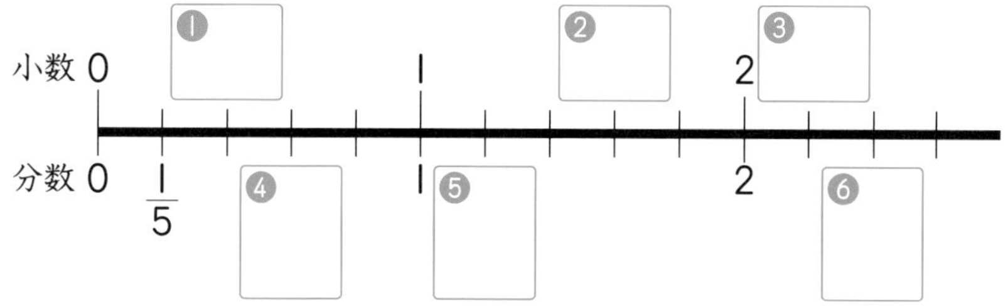

答えは
69ページ

かくにん 18

教科書㊦ 21～28 ページ

月　日

12 分数と小数・整数の関係やしくみを考えよう

❶ わり算の商と分数

❷ 分数と小数・整数

／100点

1 右の表は、野球選手たちのホームランの数をまとめたものです。 1つ8〔24点〕

ホームランの数

選手	ホームランの数(本)
A	17
B	5
C	22

❶ A（エー）のホームランの数をもとにすると、B（ビー）、C（シー）のホームランの数は、それぞれ何倍ですか。

B（　　　　）　C（　　　　）

❷ BはCの何倍のホームランを打っていますか。（　　　　）

2 次の量を、分数と小数で表しましょう。 1つ10〔40点〕

❶ 1Lのジュースを4人で等分した1人分のかさ

分数（　　　　）　小数（　　　　）

❷ 4mのリボンを5人で等分した1人分の長さ

分数（　　　　）　小数（　　　　）

3 次の分数は小数や整数で、小数は分数で表しましょう。 1つ6〔24点〕

❶ $\frac{6}{25}$（　　　　）　❷ 0.07（　　　　）

❸ 1.21（　　　　）　❹ $\frac{75}{15}$（　　　　）

4 次の数を、小さい方から順にならべましょう。 〔12点〕

$\frac{2}{3}$　0.7　$\frac{2}{5}$　1.5　$1\frac{3}{4}$

（　　　　　　　　　　　　）

答えは 69ページ

13 全体とその部分の比べ方を調べよう

❶ 割合
❷ 百分率と歩合

／100点

1 かずきさんとゆうきさんは、シュートの練習をしました。 1つ6〔30点〕

シュートの成績

	かずき	ゆうき
入った数(回)	108	102
シュートした数(回)	135	120

❶ かずきさんの成績(せいせき)を、小数で表しましょう。

【式】

答え（　　　）

❷ ゆうきさんの成績を、小数で表しましょう。

【式】

答え（　　　）

❸ どちらの成績がよいといえますか。（　　　）

2 次の割合(わりあい)を、小数は百分率(ひゃくぶんりつ)で、百分率は小数で表しましょう。 1つ10〔60点〕

❶ 0.53（　　　）　❷ 0.9（　　　）

❸ 0.614（　　　）　❹ 38％（　　　）

❺ 20％（　　　）　❻ 7％（　　　）

3 1両の定員が150人の電車があります。3両目には、180人乗っています。こみぐあいを、百分率で求めましょう。 1つ5〔10点〕

【式】

答え（　　　）

答えは69ページ

13　全体とその部分の比べ方を調べよう

❶ 割合
❷ 百分率と歩合

／100点

1 割合(わりあい)を表す小数、百分率(ひゃくぶんりつ)、歩合(ぶあい)の等しいものが、たてにならぶように表の㋐～㋗に書きましょう。　1つ8〔64点〕

割合を表す小数	0.74	㋒	㋔	0.205
百分率	㋐	㋓	160％	㋖
歩合	㋑	5割	㋕	㋗

2 公園に大人が15人、子どもが12人います。　1つ6〔24点〕

❶　大人の人数をもとにしたときの子どもの人数の割合を、百分率で表しましょう。

【式】

答え（　　　　　）

❷　子どもの人数をもとにしたときの大人の人数の割合を、百分率で表しましょう。

【式】

答え（　　　　　）

3 スーパーで、もとのねだんが300円のプリンを225円で買いました。もとのねだんをもとにしたときの代金の割合を、歩合で表しましょう。　1つ6〔12点〕

【式】

答え（　　　　　）

答えは69ページ

きほん 20

月　日

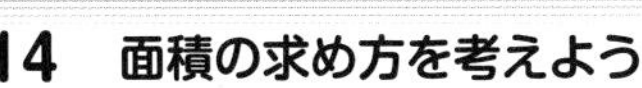

❶ 平行四辺形の面積

／100点

1 次の平行四辺形の面積を求めましょう。　1つ10〔80点〕

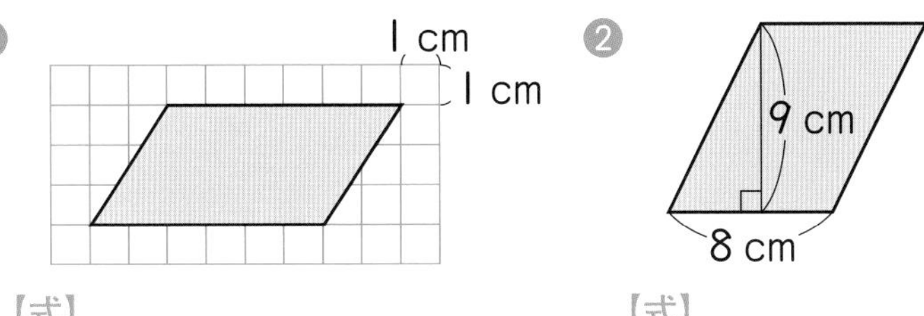

❶ 【式】

答え（　　　）

❷ 【式】

答え（　　　）

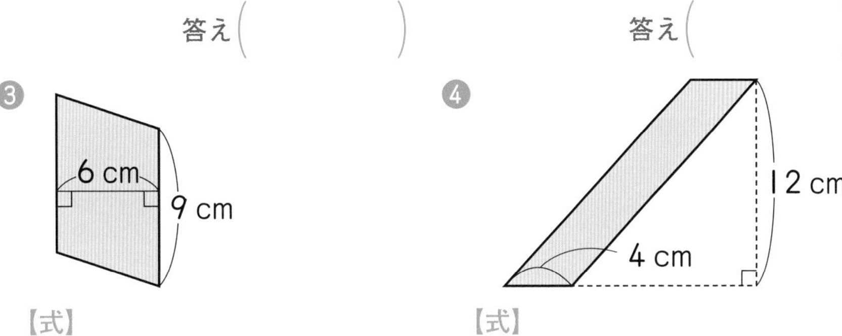

❸ 【式】

答え（　　　）

❹ 【式】

答え（　　　）

2 右の平行四辺形の面積は $72\,cm^2$ です。
□にあてはまる数を求めましょう。　1つ10〔20点〕

【式】

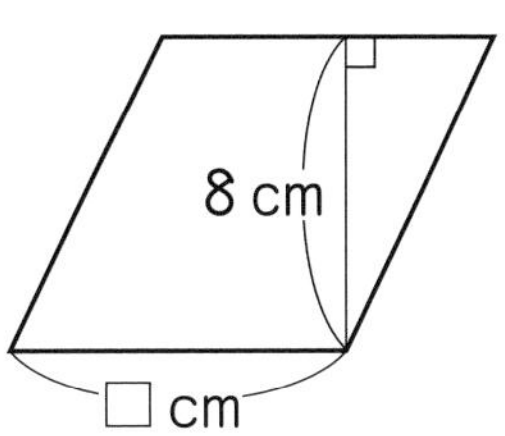

答え（　　　）

答えは 70ページ

月　　日

14　面積の求め方を考えよう

❶ 平行四辺形の面積

／100点

1 次の平行四辺形の面積を求めましょう。　1つ8〔64点〕

❶

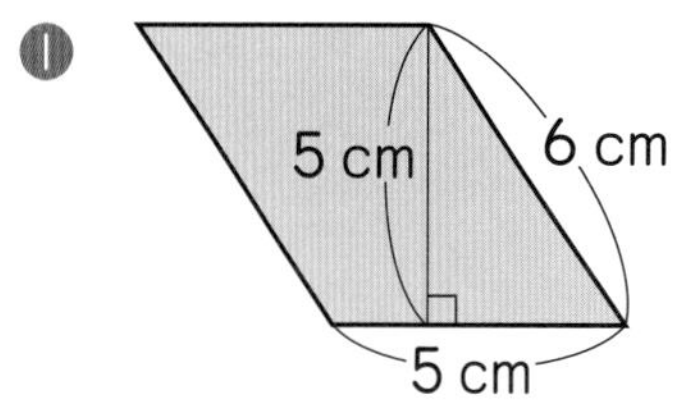

【式】

答え（　　　　）

❷

2.5 cm
2 cm
2.1 cm

【式】

答え（　　　　）

❸

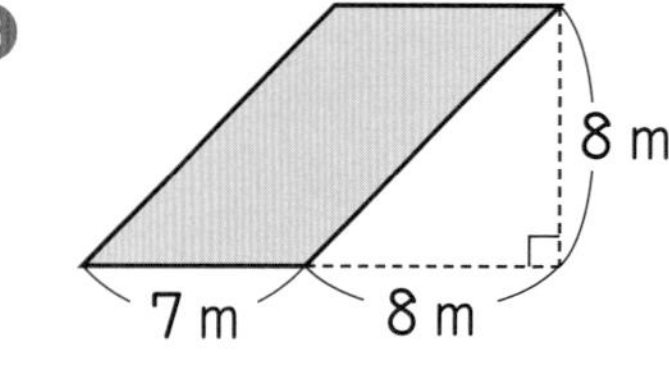

【式】

答え（　　　　）

❹

4.5 cm
2 cm
6 cm

【式】

答え（　　　　）

2 直線㋕と直線㋖は平行です。㋐、㋑の平行四辺形の面積は何cm^2ですか。　1つ9〔36点〕

㋕
㋐
㋑
㋒
$12\ cm^2$
㋖
3 cm
1 cm
4 cm

㋐【式】

答え（　　　　）

㋑【式】

答え（　　　　）

答えは
70ページ

きほん 21

教科書㊦ 54～59 ページ　　月　　日

14 面積の求め方を考えよう

❷ 三角形の面積

／100点

1 次の三角形の面積を求めましょう。　1つ8〔64点〕

❶ (方眼 1 cm、1 cm)

【式】

答え（　　　）

❷

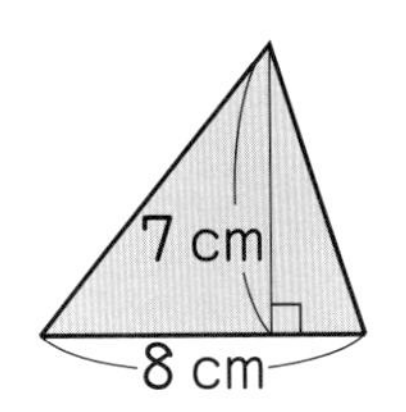

【式】

答え（　　　）

❸ (10 cm、3 cm)

【式】

答え（　　　）

❹ (5 m、6 m)

【式】

答え（　　　）

2 直線㋕と直線㋖は平行です。㋑、㋒の三角形の面積は何cm^2ですか。　1つ9〔36点〕

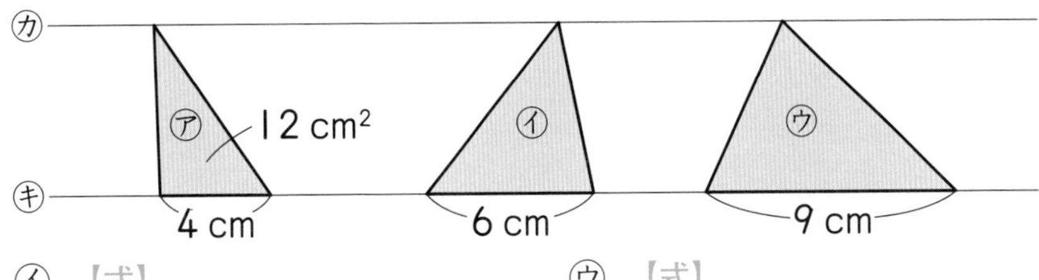

㋑ 【式】

答え（　　　）

㋒ 【式】

答え（　　　）

答えは 70ページ

教科書㊦ 54〜59 ページ

月　　日

14　面積の求め方を考えよう

❷ 三角形の面積

／100点

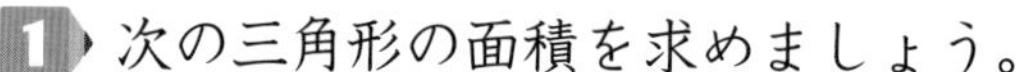

1 次の三角形の面積を求めましょう。　1つ8〔64点〕

❶

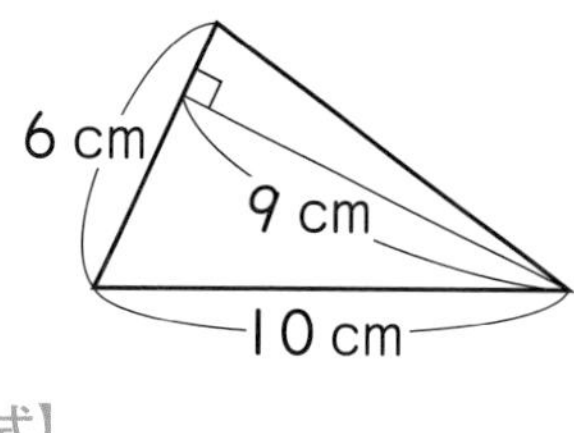

【式】

答え（　　　　）

❷

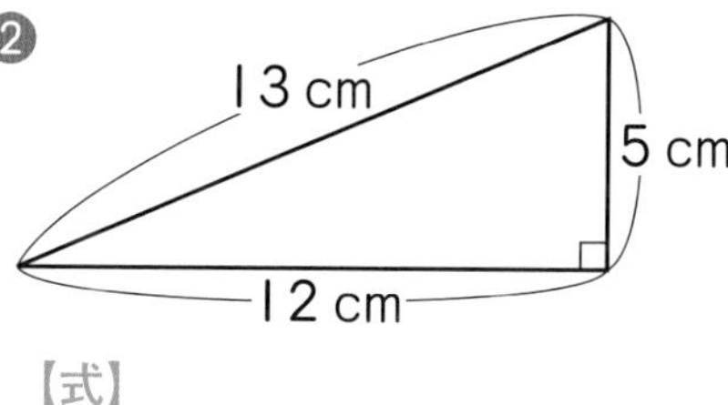

【式】

答え（　　　　）

❸

8 cm
4 cm
10 cm

【式】

答え（　　　　）

❹

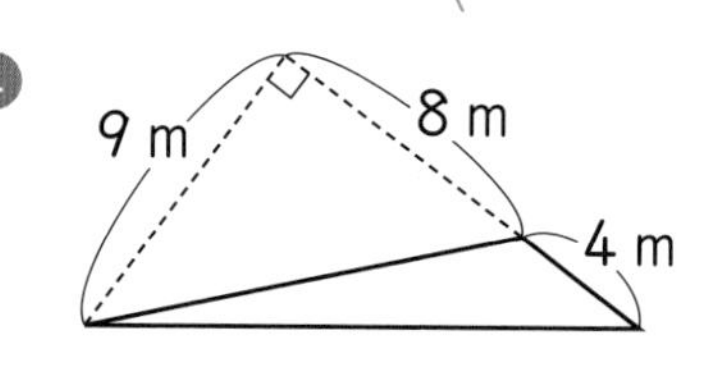

【式】

答え（　　　　）

2 右の三角形について答えましょう。　1つ9〔36点〕

❶　三角形の面積を求めましょう。

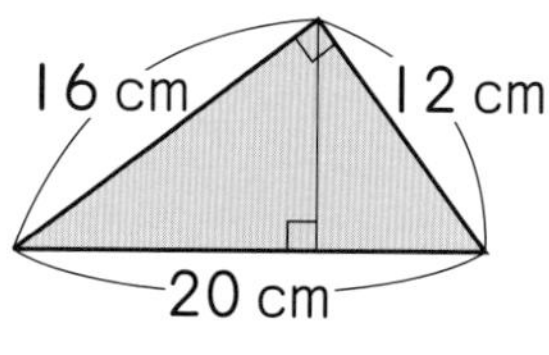

【式】

答え（　　　　）

❷　底辺が 20 cm のとき、高さは何 cm ですか。

【式】

答え（　　　　）

答えは
70ページ

月　　日

14　面積の求め方を考えよう

❸ 台形の面積　❹ ひし形の面積
❺ 面積の求め方のくふう

／100点

1 次の四角形の面積を求めましょう。　1つ8〔64点〕

❶ 台形

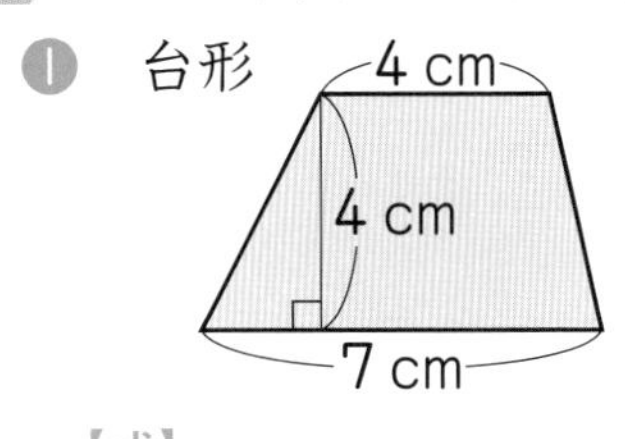

【式】

答え（　　　　）

❷ 台形

7 cm　5 cm　5 cm

【式】

答え（　　　　）

❸ ひし形

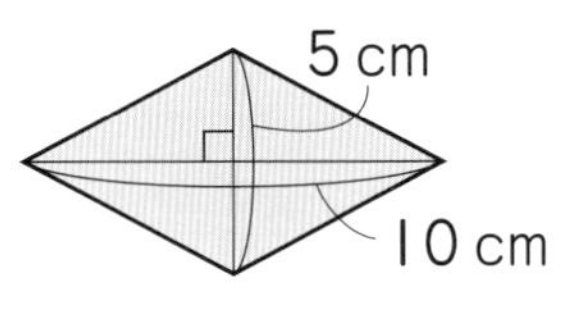

【式】

答え（　　　　）

❹

1 cm　1 cm

【式】

答え（　　　　）

2 三角形の底辺の長さを2cmと決めて、高さを1cm、2cm、3cm、…と変えていきます。それにともなって、面積はどのように変わりますか。下の表のあいているところに、あてはまる数を書きましょう。　1つ9〔36点〕

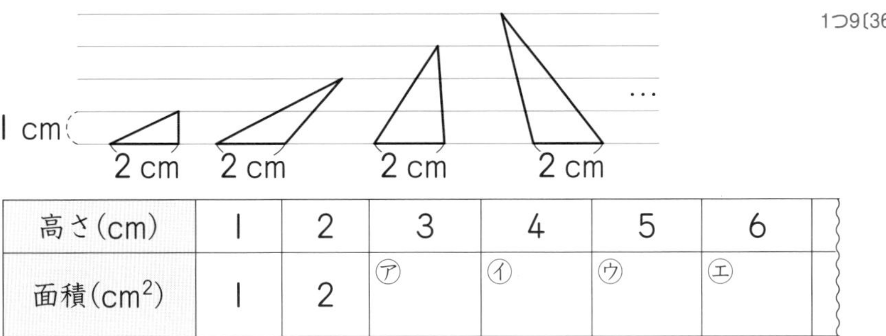

高さ(cm)	1	2	3	4	5	6	
面積(cm^2)	1	2	㋐	㋑	㋒	㋓	

答えは
70ページ

かくにん 22

教科書㊦ 60〜65 ページ

14 面積の求め方を考えよう

❸ 台形の面積 ❹ ひし形の面積 ❺ 面積の求め方のくふう

／100点

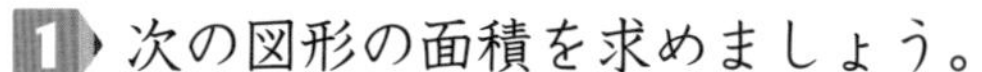

1 次の図形の面積を求めましょう。 1つ8〔64点〕

❶

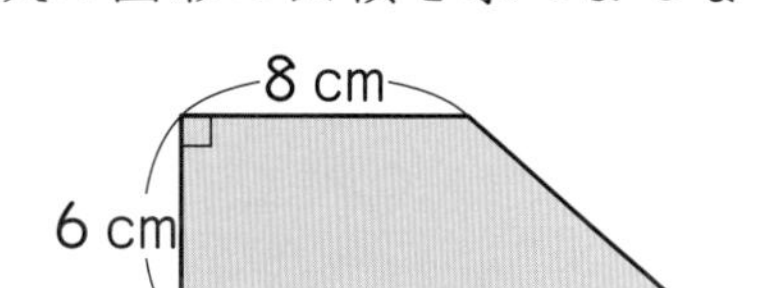

【式】

答え（　　　）

❷

16 cm
10 cm
12 cm

【式】

答え（　　　）

❸

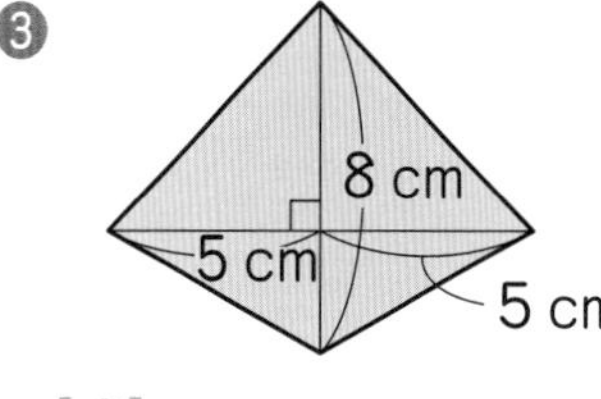

【式】

答え（　　　）

❹

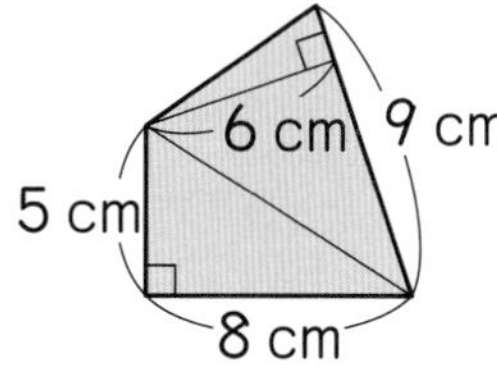

【式】

答え（　　　）

2 次の図形の面積を求めましょう。 1つ9〔36点〕

❶

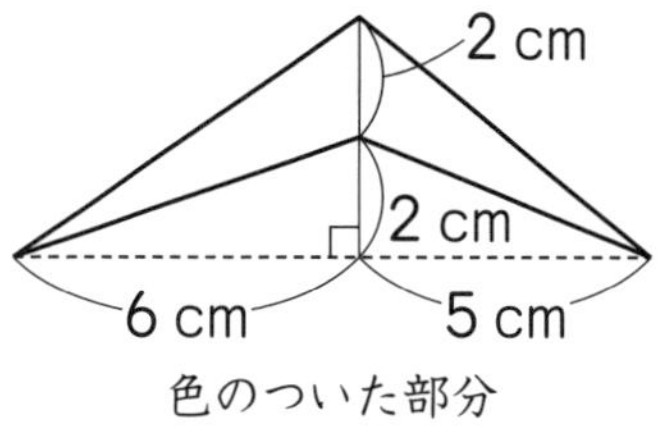

色のついた部分

【式】

答え（　　　）

❷

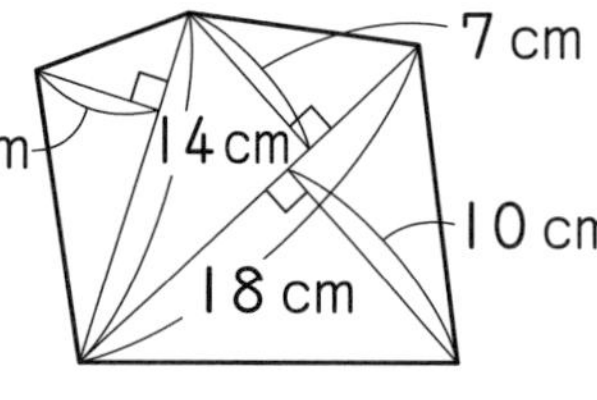

【式】

答え（　　　）

答えは 70ページ

月　　日

15　正多角形や円の性質やしくみを調べよう

❶ 正多角形

／100点

1 右の図は、円を使って正多角形をかいたものです。　1つ20〔60点〕

❶ 何という正多角形ですか。

（　　　　　）

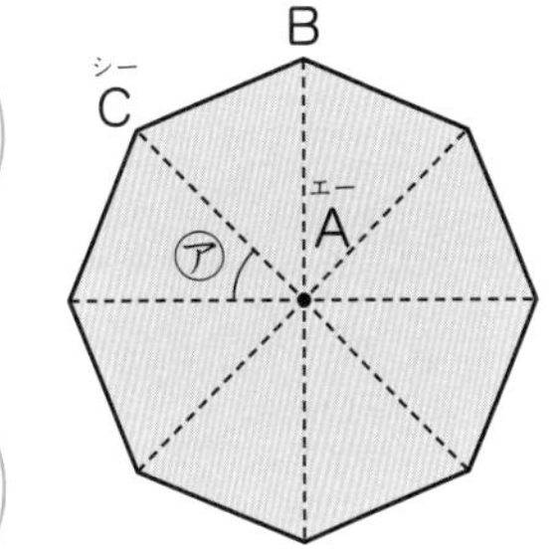

❷ ㋐の角度は何度ですか。

（　　　　　）

❸ 三角形 ABC は、何という三角形ですか。

（　　　　　）

2 円の中心のまわりの角を等分する方法で、正五角形をかきます。そのとき、㋑の角度は何度ですか。　〔20点〕

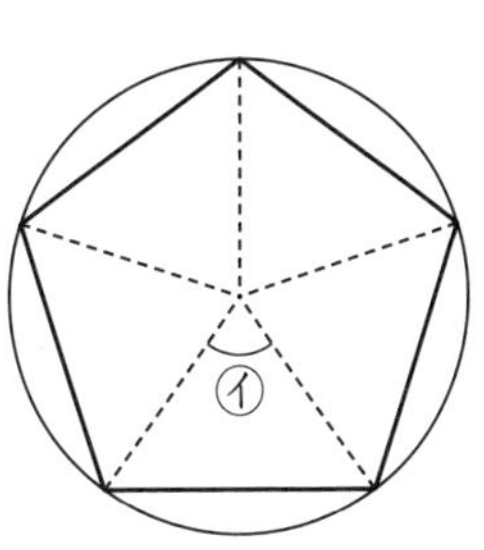

（　　　　　）

3 次の多角形の中で、正多角形はどれですか。　〔20点〕

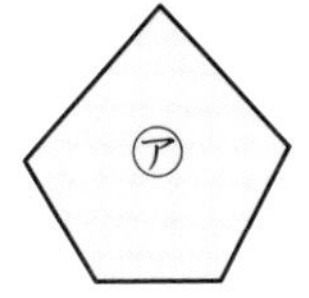

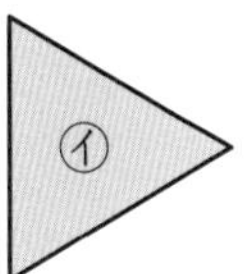

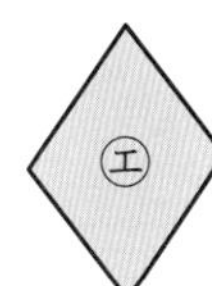

（　　　　　）

答えは 70ページ

月　日

15 正多角形や円の性質やしくみを調べよう

❶ 正多角形

／100点

1 右の正六角形について答えましょう。　1つ11〔55点〕

❶ 辺BCと辺AFの長さは、それぞれ何cmですか。

辺BC（　　　）

辺AF（　　　）

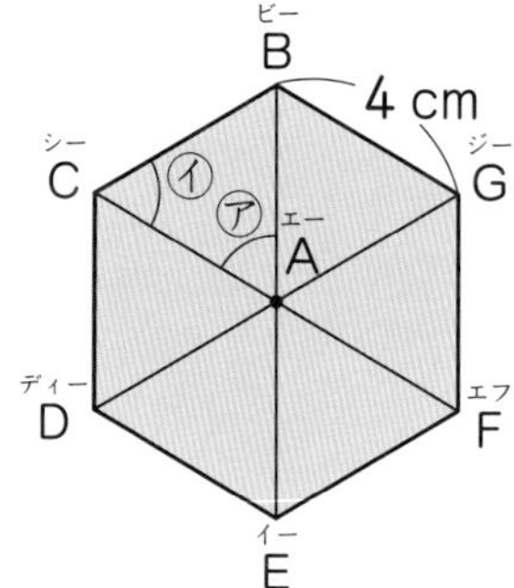

❷ ㋐の角度は何度ですか。

（　　　）

❸ ㋑の角度は何度ですか。

（　　　）

❹ 三角形ABCは、何という三角形ですか。

（　　　）

2 右の正多角形について答えましょう。　1つ15〔45点〕

❶ 辺の数は何本ですか。

（　　　）

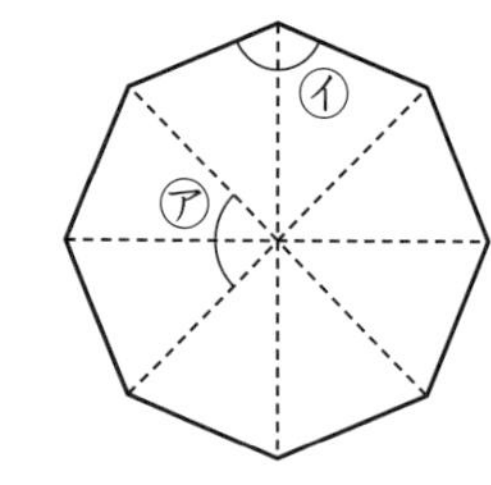

❷ ㋐の角度は何度ですか。

（　　　）

❸ ㋑の角度は何度ですか。

（　　　）

答えは 70ページ

教科書㊦ 77～82 ページ　　月　　日

15　正多角形や円の性質やしくみを調べよう
❷ 円の直径と円周

／100点

1 次の円の円周の長さを求めましょう。　1つ9〔54点〕

❶　直径 10 cm の円

【式】

答え（　　　　）

❷　半径 4 cm の円

【式】

答え（　　　　）

❸　直径 12 cm の円

【式】

答え（　　　　）

2 円周が 25.12 cm の円の直径の長さは何 cm ですか。　1つ11〔22点〕

【式】

答え（　　　　）

3 直径 3 cm の円の直径の長さを増（ふ）やしていきます。　1つ8〔24点〕

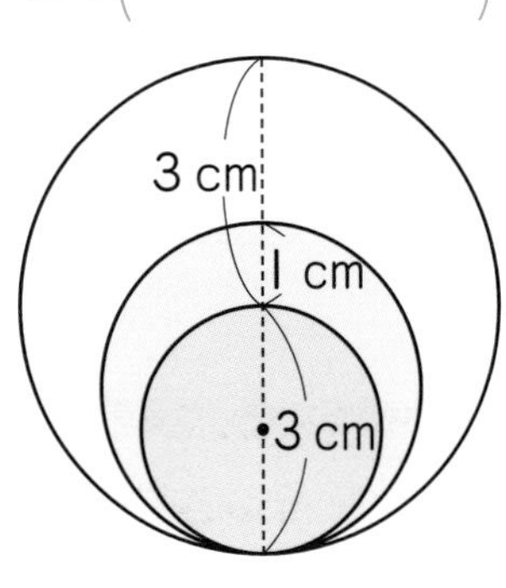

❶　直径の長さを 1 cm 増やすと、円周の長さは何 cm 増えますか。

（　　　　）

❷　直径の長さを 2 倍にすると円周の長さは何 cm になりますか。

【式】

答え（　　　　）

答えは 70ページ

15　正多角形や円の性質やしくみを調べよう
❷ 円の直径と円周

／100点

1 次の長さを求めましょう。　1つ8〔48点〕

❶　半径 4.5cm の円の円周の長さ

【式】

答え（　　　　）

❷　直径 50cm の円の円周の長さ

【式】

答え（　　　　）

❸　円周が 15.7cm の円の直径の長さ

【式】

答え（　　　　）

2 右の図のまわりの長さを求めましょう。　1つ8〔16点〕

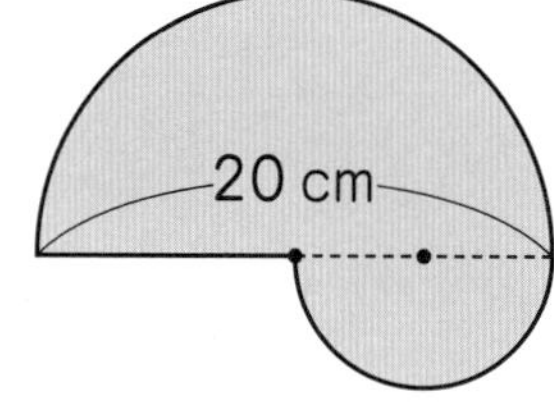

【式】

答え（　　　　）

3 車輪の直径の長さが 64cm の一輪車があります。この一輪車の車輪が 1 回転すると、一輪車は何 cm 進みますか。　1つ9〔18点〕

【式】

答え（　　　　）

4 円の形をした池のまわりの長さをはかったら、50m ありました。この池の直径の長さは、約何 m ですか。小数第一位を四捨五入して整数で求めましょう。　1つ9〔18点〕

【式】

答え（　　　　）

答えは 71ページ

月　　日

16　直方体や立方体の大きさやその求め方を調べよう

❶ 体積

❷ 体積の公式

／100点

1 1辺が1cmの立方体の積み木を、下の図のように積みました。体積は何cm^3ですか。　1つ12〔36点〕

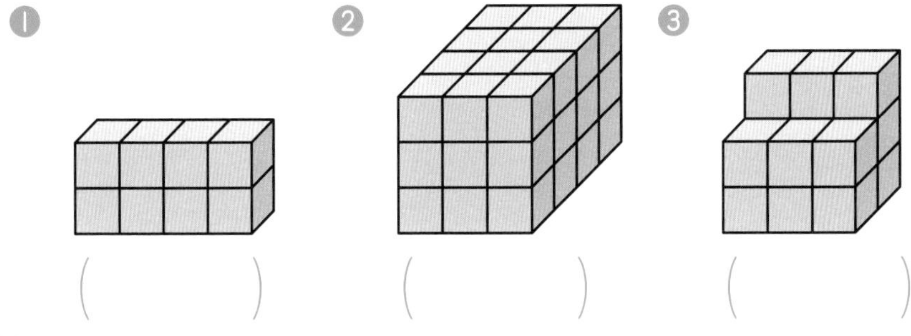

❶（　　　）　❷（　　　）　❸（　　　）

2 次の立方体と直方体の体積を求めましょう。　1つ8〔64点〕

❶

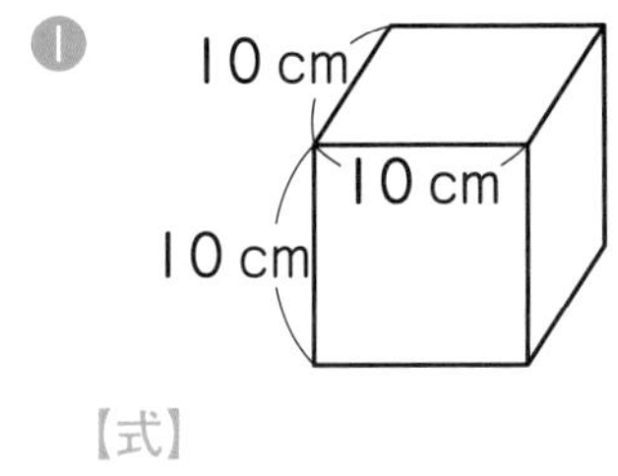

【式】

答え（　　　）

❷

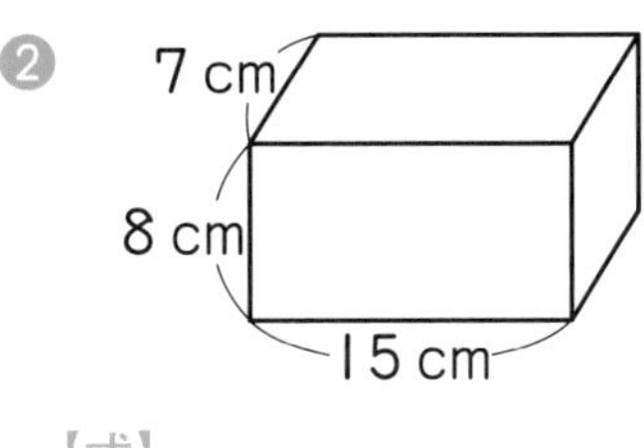

【式】

答え（　　　）

❸

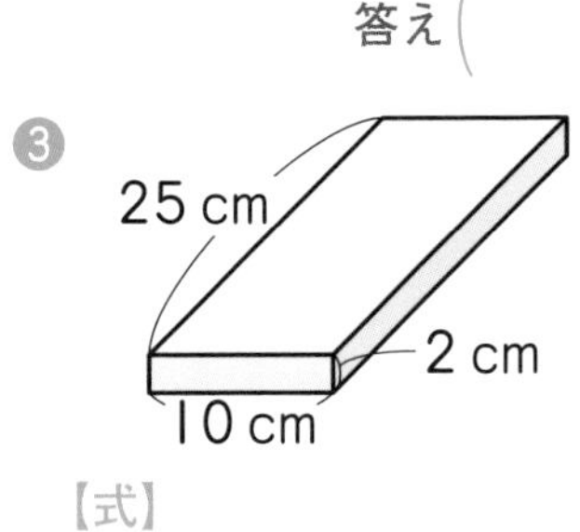

【式】

答え（　　　）

❹

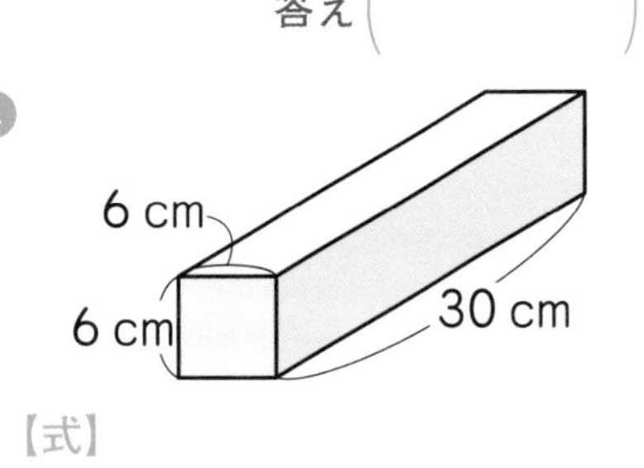

【式】

答え（　　　）

答えは
71ページ

16　直方体や立方体の大きさやその求め方を調べよう

❶ 体積

❷ 体積の公式

／100点

1 たてが 10.5 cm、横が 2.4 cm、高さが 10 cm の直方体の体積を求めましょう。　1つ10〔20点〕

【式】

答え（　　　）

2 1 辺の長さが 9 cm のさいころがあります。このさいころの体積を求めましょう。　1つ10〔20点〕

【式】

答え（　　　）

3 次の展開図（てんかいず）を組み立ててできる直方体の体積を求めましょう。　1つ10〔40点〕

❶

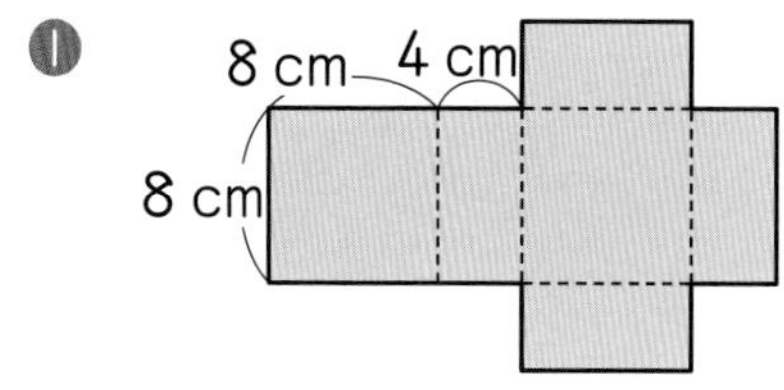

❷

7 cm
1 cm
3 cm

【式】

答え（　　　）

【式】

答え（　　　）

4 右の立方体と直方体の体積は同じです。直方体の高さは何 cm ですか。　1つ10〔20点〕

6 cm
6 cm
6 cm

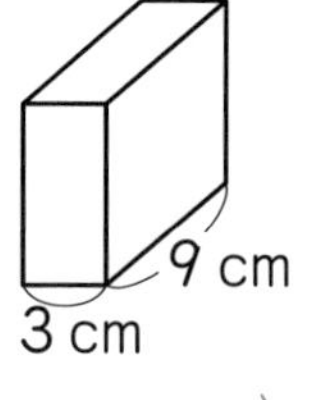

【式】

答え（　　　）

答えは 71 ページ

月　　日

16 直方体や立方体の大きさやその求め方を調べよう

❸ 大きな体積　❹ いろいろな形の体積
❺ 体積の単位　❻ 容積

／100点

1 次の□にあてはまる数を書きましょう。　1つ6〔24点〕

❶ $6\,\mathrm{m}^3$＝□cm^3　❷ 5L＝□cm^3

❸ $500\,\mathrm{cm}^3$＝□mL　❹ 4000L＝□kL

2 次の直方体の体積は、何m^3ですか。また、何cm^3ですか。

1つ8〔48点〕

❶

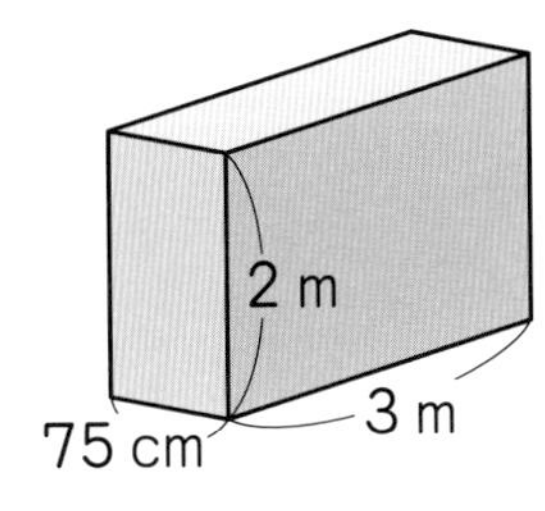

【式】

答え（　　）（　　）

❷

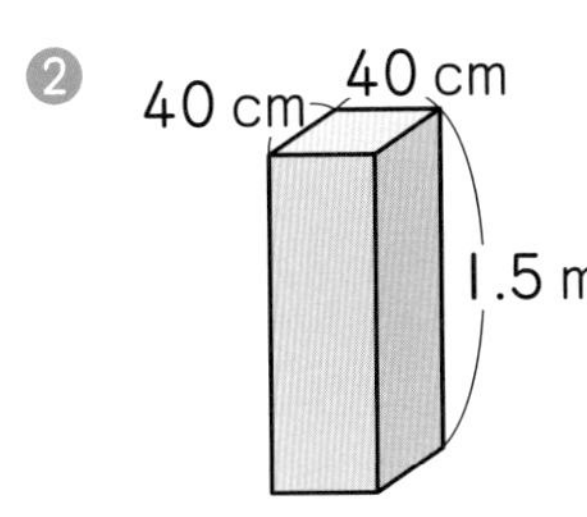

【式】

答え（　　）（　　）

3 右の図のような形の体積を求めましょう。　1つ14〔28点〕

【式】

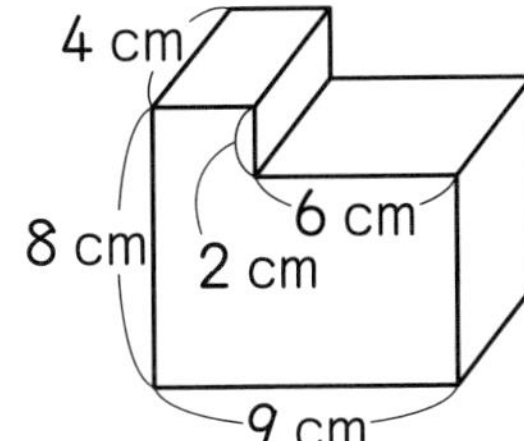

答え（　　）

答えは
71ページ

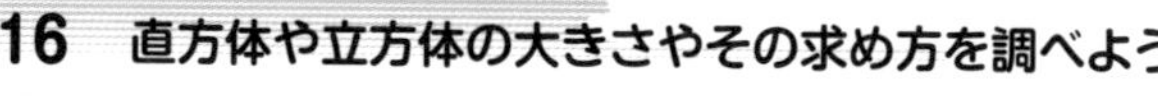

かくにん **26**

教科書下 96～102 ページ　　月　　日　　10分

16 直方体や立方体の大きさやその求め方を調べよう

❸ 大きな体積　❹ いろいろな形の体積　❺ 体積の単位　❻ 容積

／100点

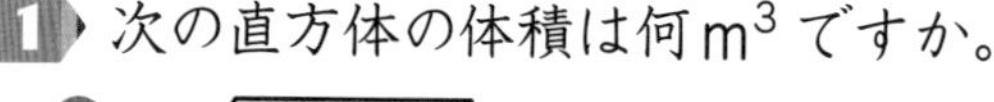

1 次の直方体の体積は何 m^3 ですか。　1つ7〔28点〕

❶

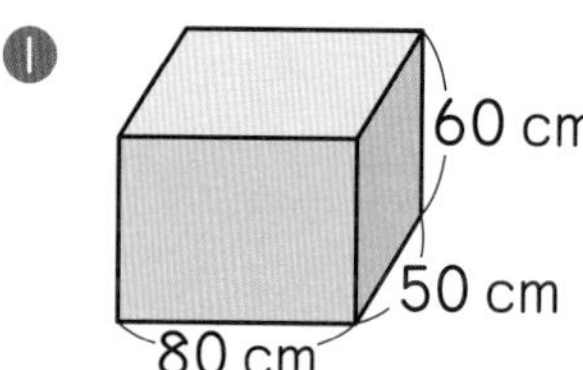

【式】

答え（　　　　）

❷

60 cm
2 m
40 cm

【式】

答え（　　　　）

2 次の図のような形の体積を求めましょう。　1つ8〔32点〕

❶

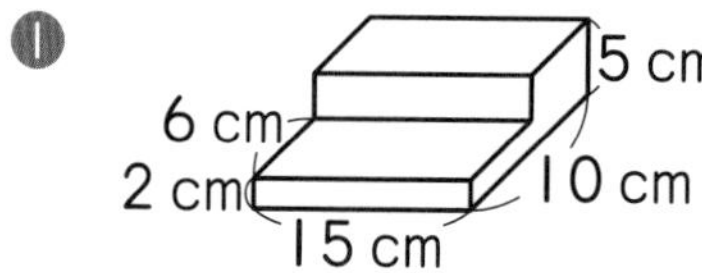

【式】

答え（　　　　）

❷

3 cm
3 cm
3 cm
7 cm
10 cm
30 cm

【式】

答え（　　　　）

3 右の図のような、厚さ 1 cm の板で作った直方体の形をした入れ物があります。　1つ8〔40点〕

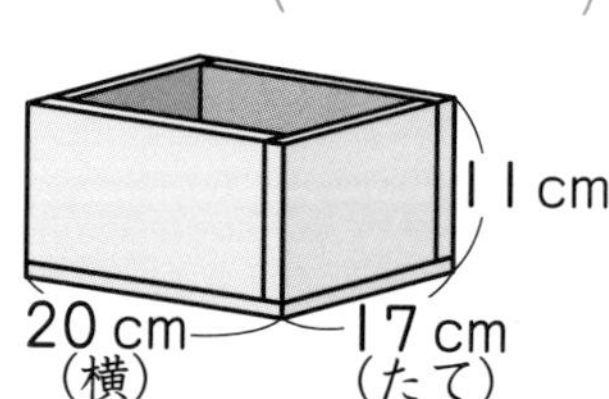

❶ 内のりのたての長さ、横の長さ、深さは、それぞれ何 cm ですか。

たて（　　　　）　横（　　　　）　深さ（　　　　）

❷ 入れ物の容積は何 cm^3 ですか。

【式】

答え（　　　　）

答えは 71 ページ

月　日

17　2つの量の比べ方や割合を使った問題について考えよう

❶ 2つの量の割合
❷ 割合を使った問題

／100点

1 だいきさんの小学校の5年生の人数は、昨年は120人で、今年は132人です。昨年の人数をもとにして、今年の人数の割合を求めましょう。　1つ10〔20点〕

【式】

答え（　　　）

2 次の□にあてはまる数を書きましょう。　1つ10〔20点〕

❶ 8000円の85％は、□円です。

❷ □人は、180人の25％です。

3 1両の定員が60人の電車があります。こみぐあいが120％の車両には、何人が乗っていますか。　1つ10〔20点〕

【式】

答え（　　　）

4 すみれさんは、定価(ていか)4500円のセーターを20％引きで買いました。代金は何円ですか。　1つ10〔20点〕

【式】

答え（　　　）

5 ゆりさんの家では、畑の一部を花畑にしています。花畑の面積は90m^{2}で、畑全体の面積の25％にあたります。畑全体の面積は、何m^{2}ですか。　1つ10〔20点〕

【式】

答え（　　　）

答えは71ページ

17　2つの量の比べ方や割合を使った問題について考えよう

❶ 2つの量の割合
❷ 割合を使った問題

／100点

1 次の□にあてはまる数を書きましょう。　1つ10〔40点〕

❶ 3500gの60%は、□gです。

❷ □人は、2500人の72%です。

❸ □kgの15%は、48kgです。

❹ 1444円は、□円の76%です。

2 去年500円だった品物が、今年は530円になりました。この品物は去年より何%値上がりしましたか。　1つ10〔20点〕

【式】

答え（　　　）

3 かほさんは120ページある本の85%を読みました。残りのページ数を求めましょう。　1つ10〔20点〕

【式】

答え（　　　）

4 はるとさんの学校の図書室には、科学の本が624さつあります。これは、図書室の本全体のさっ数の32%にあたります。図書室の本全体のさっ数は何さつですか。　1つ10〔20点〕

【式】

答え（　　　）

答えは71ページ

18 割合を使ったグラフの表し方を調べよう

❶ 円グラフ　❷ 帯グラフ
❸ 円グラフと帯グラフのかき方

／100点

1 右のグラフは、みかさんの住んでいる町の土地利用の割合(わりあい)を表したものです。

1つ10〔50点〕

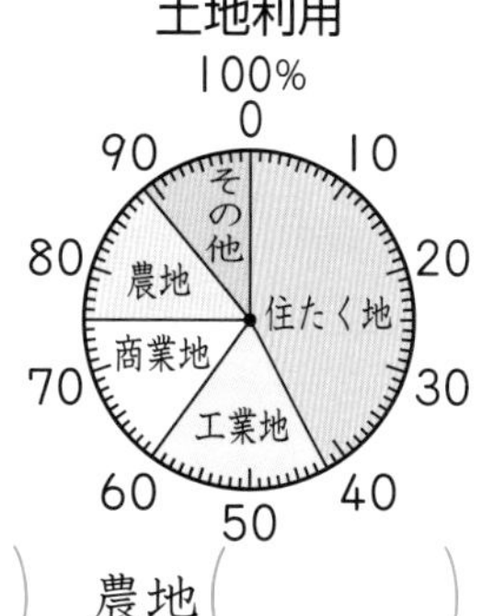

❶ 住たく地、商業地、農地の面積の割合は、それぞれ全体の何％ですか。

住たく地（　　）　商業地（　　）　農地（　　）

❷ 町の土地の面積は 24 km^2 です。工業地の面積は何 km^2 ですか。

【式】

答え（　　）

2 次のグラフは、ゆうきさんの家の生活費(せいかつひ)について、種類ごとの金額(きんがく)の割合を表したものです。

1つ10〔50点〕

ゆうきさんの家の生活費

0　10　20　30　40　50　60　70　80　90　100(%)

食費	ひ服費	住居費	光熱費	その他

❶ 食費、ひ服費、住居費(じゅうきょひ)の金額の割合は、それぞれ全体の何％ですか。

食費（　　）　ひ服費（　　）　住居費（　　）

❷ 生活費の合計は 250000 円でした。光熱費は何円ですか。

【式】

答え（　　）

答えは 72ページ

かくにん 28

教科書㊦120～125ページ　月　日　10分

18　割合を使ったグラフの表し方を調べよう

❶ 円グラフ　❷ 帯グラフ
❸ 円グラフと帯グラフのかき方

／100点

1 右の表は、読みたい本についてのアンケート結果です。表の結果を、下の円グラフに表しましょう。〔20点〕

読みたい本の人数

種類	人数(人)	百分率(%)
物語	8	40
科学	5	25
歴史	4	20
その他	3	15
合計	20	100

読みたい本の人数

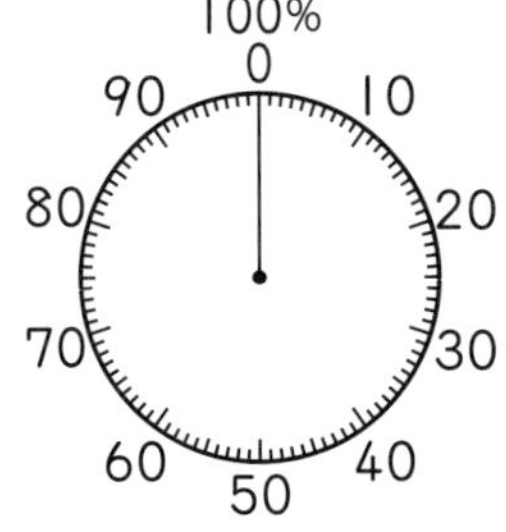

2 右の表は、10月に学校でけがが起きた場所を調べたものです。1つ16〔80点〕

❶ 表のあいているところにあてはまる数を書きましょう。小数第一位を四捨五入して、整数で求めましょう。

❷ けがの場所別人数の割合を、下の帯グラフに表しましょう。

けがの場所別人数(10月)

場所	人数(人)	百分率(%)
校庭	15	33
ろうか	9	㋐
教室	8	㋑
体育館	7	㋒
その他	7	㋓
合計	46	100

けがの場所別人数（10月）

0　10　20　30　40　50　60　70　80　90　100(%)

答えは72ページ

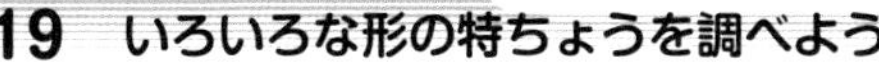

19 いろいろな形の特ちょうを調べよう

❶ 角柱と円柱

❷ 見取図と展開図

／100点

1 次の立体は、それぞれ何という立体ですか。　1つ10〔30点〕

① 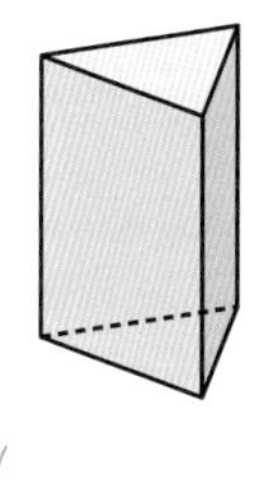

(　　　　)

② 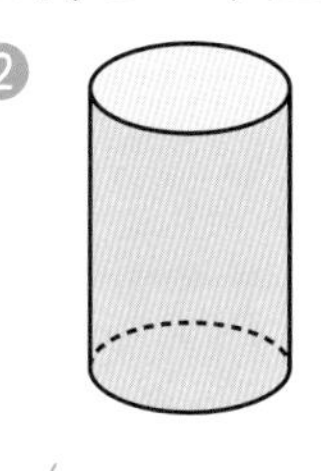

(　　　　)

③ 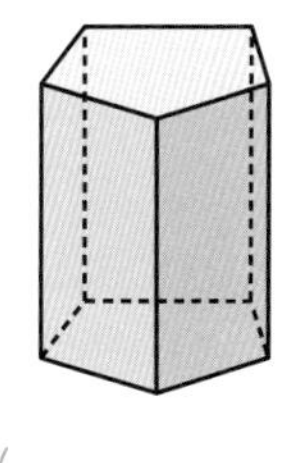

(　　　　)

2 下の表の㋐～㋗にあてはまることばや数を書きましょう。　1つ5〔40点〕

	底面の形	側面の数	頂点(ちょうてん)の数	辺の数
三角柱	㋐	㋑	㋒	㋓
六角柱	㋔	㋕	㋖	㋗

3 右のような角柱の展開図(てんかいず)を組み立てます。　1つ10〔30点〕

① この角柱の高さは何cmですか。

(　　　　)

② 辺KJ(ケージェー)の長さは何cmですか。

(　　　　)

③ 点C(シー)に集まる点を全部答えましょう。

(　　　　)

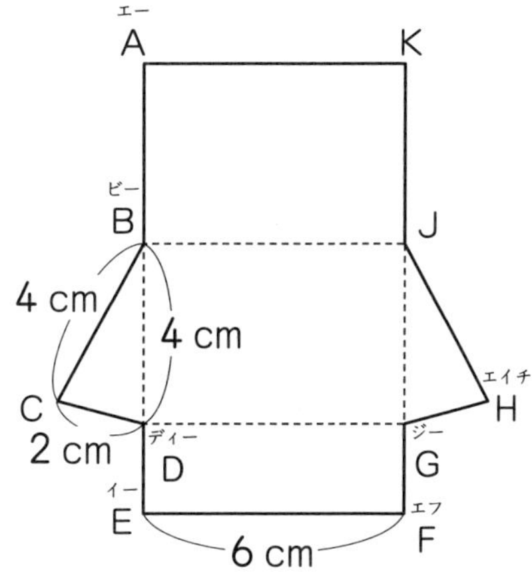

答えは
72ページ

19 いろいろな形の特ちょうを調べよう

❶ 角柱と円柱
❷ 見取図と展開図

／100点

1 下のような三角柱の展開図をかきましょう。〔30点〕

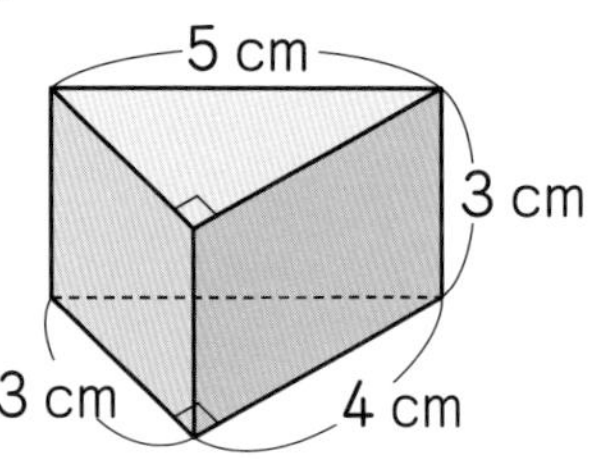

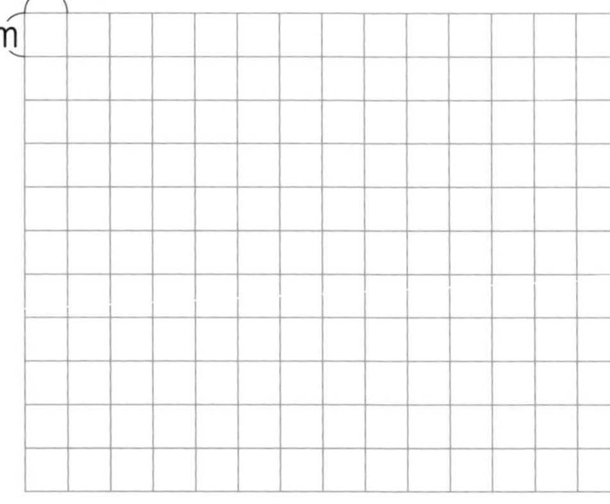

2 下のような円柱の展開図をかきます。1つ35〔70点〕

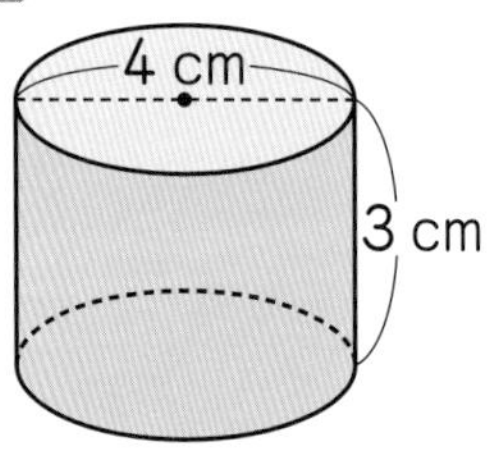

❶ 側面の展開図は長方形で、たては3cmです。横は何cmですか。

（　　　）

❷ この円柱の展開図をかきましょう。

答えは72ページ

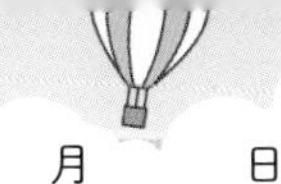

きほん 30

教科書㊦ 140～142 ページ　　月　　日　　10分

20　データから傾向を読み取ろう

／100点

1 ある小学校では、毎年、児童の好きな食べ物を調べています。その結果を、下のようなグラフに表しました。　1つ25〔100点〕

好きな食べ物の割合の変化

0　10　20　30　40　50　60　70　80　90　100(%)

2004年(900人)	カレーライス	からあげ	すし	ハンバーグ	オムライス	その他
2024年(500人)	カレーライス	からあげ	すし	ハンバーグ	オムライス	その他

❶ 2004 年と 2024 年を比(くら)べると、すしが好きと答えた人の割合(わりあい)は、何%増(ふ)えていますか。

(　　　　)

❷ 上のグラフから、なおさんは次のように考えました。

> すしが好きと答えた人数は、2004 年より 2024 年の方が多いです。

しかし、なおさんの考えは正しいといえません。その理由を説明します。□にあてはまる数を書きましょう。

【理由】

すしが好きと答えた人数は、

2004 年が、900×0.2＝180(人)

2024 年が、□×□＝□(人)で、

2004 年の方が多いからです。

答えは72ページ

月　日

20　データから傾向を読み取ろう

／100点

1 次のグラフは、ある図書館の本の貸出(かしだし)さっ数と来館者数(図書館に来た人の数)のグラフです。　1つ50〔100点〕

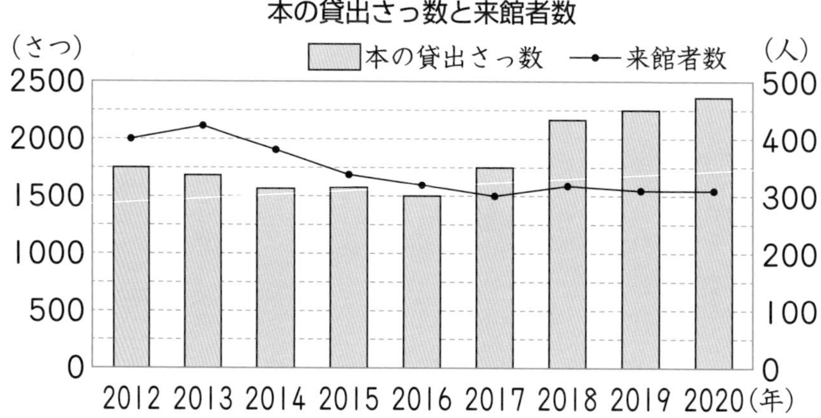

❶　2012年と2020年を比(くら)べたとき、貸出さっ数と来館者数についてグラフから読み取れることはどれですか。

㋐　本の貸出さっ数も来館者数も、両方増(ふ)えている。

㋑　本の貸出さっ数は増えたが、来館者数は減(へ)っている。

㋒　本の貸出さっ数は減ったが、来館者数は増えている。

（　　　　）

❷　この図書館では、2016年からインターネットでの本の貸出システムを始めました。2019年と2020年のインターネットでの貸出割合(わりあい)は、両方とも30％だったそうです。インターネットを使った貸出さっ数が多いのは、どちらの年ですか。

（　　　　）

答えは
72ページ

月　　日

21　5年の復習をしよう

力だめし ①

／100点

1 次の数を求めましょう。　1つ5〔10点〕

❶ 0.853 を 100 倍した数。　（　　　）

❷ 605 を $\frac{1}{100}$ にした数。　（　　　）

2 次の計算をしましょう。　1つ7〔42点〕

❶ 4.7×5.2

❷ 0.5×1.8

❸ $98.4 \div 8.2$

❹ $5.07 \div 1.3$

❺ $\frac{1}{8}+\frac{5}{12}$

❻ $\frac{5}{4}-\frac{5}{18}$

3 次の組の数の最小公倍数を求めましょう。　1つ7〔14点〕

❶ （8、18）（　　　）

❷ （9、15）（　　　）

4 次の組の数の公約数を、全部求めましょう。　1つ7〔14点〕

❶ （16、24）（　　　）

❷ （42、35）（　　　）

5 長さが 1.5 m で重さが 3.9 kg の鉄のぼうがあります。この鉄のぼう 1 m の重さは何 kg ですか。　1つ10〔20点〕

【式】

答え（　　　）

答えは
72ページ

月　　日

10分

21　5年の復習をしよう
力だめし ②

／100点

1 次の図形の面積を求めましょう。　1つ10〔40点〕

❶
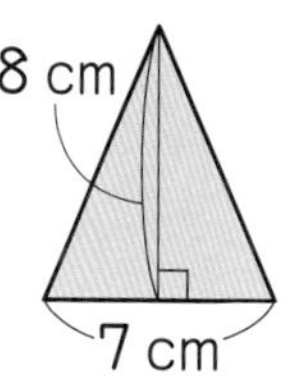

【式】

答え（　　　　）

❷ 平行四辺形
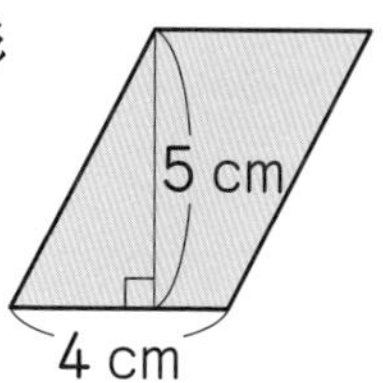

【式】

答え（　　　　）

2 右の図のような形の体積を求めましょう。　1つ10〔20点〕

【式】

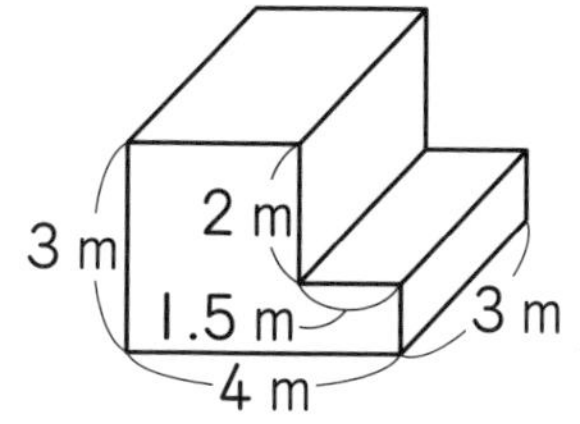

答え（　　　　）

3 時速 45km で走る車があります。長さ 1200m の鉄橋を、何分何秒でわたりますか。　1つ10〔20点〕

【式】

答え（　　　　）

4 ゆあさんは、定価(ていか) 2500 円のくつを 30％ 引きで買いました。代金は何円ですか。　1つ10〔20点〕

【式】

答え（　　　　）

答えは 72ページ

1　3・4ページ

1 ❶ 2、5、0、8
❷ 2、5、0、8
❸ 0.1、0.001

2 ❶ 100倍　❷ 1000倍

3 ❶ $\frac{1}{100}$　❷ $\frac{1}{100}$

4 ❶ 8.5　❷ 0.327

★ ★ ★

1 ❶ 524　❷ 5.81
❸ 5.84　❹ 0.552

2 ❶ 50.2　❷ 50200
❸ 3.28　❹ 0.00328

3 ❶ 1.8732　❷ 81.237

2　5・6ページ

1 ㋐と㋒、㋑と㋗、㋓と㋖

2 ❶ 辺AB…辺EF　角C…角D
❷ 辺DE…3.6cm　角F…65°

3 ㋐、㋑

★ ★ ★

1 ❶【例】

❷【例】

3 cm　2.5 cm　4 cm

❸【例】

70°　45°　4 cm

2【例】

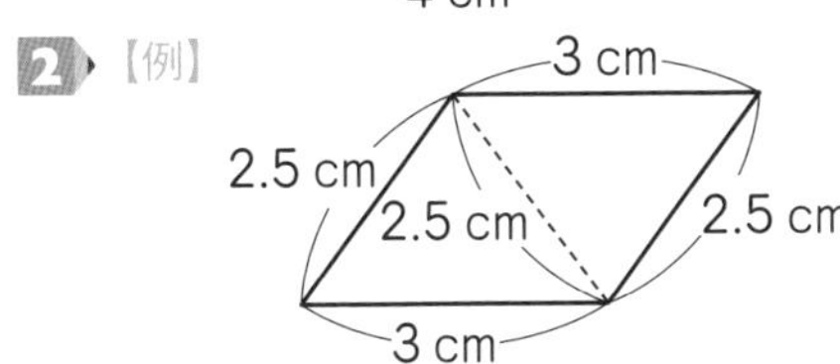

3　7・8ページ

1 ❶ 210、280、350
❷ 140、120、100

2 ❶ 210、420、630、840、1050、1260
❷ 代金、牛にゅうの量
❸ 210×□＝○
❹ 1470円

★ ★ ★

1 ㋐

2 ❶ 8、16、24、32
❷ 4×□＝○　❸ 14cm

4　9・10ページ

1 ❶ 19L　❷ 33人　❸ 6.5点

2 (55＋35＋45＋35＋40＋45＋60)÷7＝45　45分(間)

3 20×20＝400　400ページ

★ ★ ★

1 ❶ 42秒　❷ 3.75kg

2 ❶ 15.9÷30＝0.53　約0.53m
❷ 0.53×1510＝800.3
約800m

3 ❶ (110＋135＋120＋140＋120)÷5＝125　125g
❷ 2000÷125＝16　16個

5　11・12ページ

1 偶数…0、32、756
奇数…3、85、219

2 ❶ 3、6、9、12、15、18
❷ 5、10、15、20
❸ 15

3 ❶ 4、8、12　❷ 15、30、45

4 ❶ 45、90、135　❷ 8、16、24
❸ 40、80、120　❹ 30、60、90
❺ 6、12、18

★ ★ ★

1 132

2 ❶ 10個　❷ 6個　❸ 3個

3 ❶ 40　❷ 42　❸ 20　❹ 36
❺ 48　❻ 40　❼ 36

6　13・14ページ

1 ❶ 1、2、4、8、16、32
❷ 1、2、3、6、7、14、21、42

2 ❶ 1、2、4　❷ 1、5
❸ 1、2、4、8、16
❹ 1、2、3、6、9、18
❺ 1、3

3 ❶ 2　❷ 10

4 35cm

5 4cm

★ ★ ★

1 ❶ 1、2、4、8　❷ 1、5

2 ❶ 2　❷ 1　❸ 8
❹ 15　❺ 9　❻ 6

3 午前7時45分

4 8人

7　15・16ページ

1 ㋐ 120÷24＝5
㋑ 130÷25＝5.2　㋑

2 南町　74800÷88＝850
北町　27520÷32＝860
南町…850人、北町…860人

3 ❶ 125÷5＝25　25g
❷ 25×12＝300　300g
❸ 800÷25＝32　32m

★ ★ ★

1 9120÷24＝380　380人

2 1140÷12＝95
490÷5＝98　青えん筆

3 ❶ 132÷12＝11　11km
❷ 11×35＝385　385km
❸ 528÷11＝48　48L

8　17・18ページ

1 ❶ 536　❷ 5.4　❸ 176.8
❹ 11.61　❺ 30.6　❻ 7.86
❼ 7.76　❽ 0.42　❾ 0.028

2 ㋑

3 8.3×1.6＝13.28　13.28m²

★★★

1 ❶ 345 ❷ 24.91 ❸ 5.07
❹ 0.056 ❺ 20.8 ❻ 1.683

2 ❶ > ❷ < ❸ = ❹ <

3 ❶ 2.6×1.8=4.68 4.68kg
❷ 2.6×0.7=1.82 1.82kg

9 19・20ページ

1 ❶ 10、23
❷ 1.8、8.2、2.5、10、2.5、25
❸ 5.6、0.6、1.2、5、1.2、6
❹ 0.5、4、0.5、34

2 4.5×(2+0.8)=12.6 12.6m^2

★★★

1 ❶ 7.5 ❷ 128 ❸ 8
❹ 5.6 ❺ 161 ❻ 650

2 1.6×(1.7+1.3)=4.8
4.8m^2

3 4.6×(2.4−1.4)=4.6
こうたさん、4.6m^2

10 21・22ページ

1 550÷2.5=220 220g

2 ❶ 5 ❷ 1.4 ❸ 4 ❹ 13

3 91÷6.5=14 14m

4 1.05÷3.5=0.3 0.3kg

★★★

1 ❶ 14 ❷ 6.1 ❸ 0.7 ❹ 4

2 ❶ 4.95÷1.5=3.3 3.3kg
❷ 2.88÷0.8=3.6 3.6kg

3 ❶ < ❷ >

11 23・24ページ

1 ❶ 1.4 ❷ 2.5

2 ❶ 1.67 ❷ 9.69

3 ❶ 6あまり0.4
❷ 2あまり0.21

4 8.7÷2.5=3あまり1.2
3ふくろ、1.2kg

★★★

1 ❶ 1.4 ❷ 0.25

2 ❶ 0.21 ❷ 0.81

3 ❶ 2あまり0.4
❷ 3あまり1.32

4 ❶ 3.8×1.5=5.7 5.7L
❷ 9.5÷3.8=2.5 2.5m^2

12 25・26ページ

1 ❶ 180
❷ 五角形、六角形、多角形

2 ❶ 45° ❷ 80° ❸ 100°

3 ❶ 75° ❷ 35° ❸ 125°

★★★

1 ㋐360° ㋑540° ㋒4 ㋓720°

2 ❶ 60° ❷ 45° ❸ 65°

3 ❶ 40° ❷ 105° ❸ 75°

13 27・28ページ

1 さとし、こうたの順に、
❶ 60÷10=6 6m
80÷16=5 5m
❷ 10÷60=0.166… 約0.17秒
16÷80=0.2 0.2秒
❸ さとしさん

2 144÷3=48 時速48km

3 1000÷20=50 分速50m

★ ★ ★

1 ❶ A　2600÷10=260　260m
　B　1500÷6=250　250m
❷ Aさん

2 27000÷30=900
900÷60=15
900×60=54000
分速 900m、秒速 15m、時速 54km

3 216÷2=108
108000÷60=1800
1800÷60=30
時速 108km、分速 1800m、秒速 30m

14

29・30ページ

1 ㋐ 720　㋑ 12　㋒ 600
㋓ 10　㋔ 54　㋕ 15

2 350×20=7000　7000m

3 1500÷60=25　25分

4 3500÷250=14　14分

★ ★ ★

1 ㋔、㋒、㋓、㋑、㋐

2 48÷60=0.8　0.8×25=20
20km

3 60000÷60=1000
1000×1.5=1500　1500m

4 1200÷160=7.5　7分30秒

15

31・32ページ

1 ❶ 4、3　❷ 14、20

2 ❶ $\frac{1}{2}$　❷ $\frac{2}{3}$　❸ $\frac{2}{5}$　❹ $\frac{3}{4}$

3 ❶ <　❷ <　❸ >

4 ❶ $\frac{4}{20}$、$\frac{5}{20}$　❷ $\frac{9}{24}$、$\frac{20}{24}$
❸ $\frac{4}{6}$、$\frac{1}{6}$　❹ $\frac{27}{48}$、$\frac{10}{48}$
❺ $\frac{4}{12}$、$\frac{3}{12}$、$\frac{2}{12}$
❻ $\frac{18}{24}$、$\frac{28}{24}$、$\frac{15}{24}$

★ ★ ★

1 ㋔、㋕

2 ❶ $\frac{1}{4}$　❷ $\frac{5}{8}$　❸ $\frac{2}{3}$　❹ $\frac{1}{3}$

3 ❶ <　❷ >　❸ >

4 ❶ $\frac{18}{45}$、$\frac{10}{45}$　❷ $\frac{6}{8}$、$\frac{1}{8}$
❸ $\frac{25}{40}$、$\frac{28}{40}$　❹ $\frac{35}{60}$、$\frac{27}{60}$
❺ $1\frac{16}{60}$、$2\frac{21}{60}$　❻ $\frac{16}{24}$、$\frac{21}{24}$、$\frac{10}{24}$

16

33・34ページ

1 ❶ 6、7　❷ 5、9、14、7

2 ❶ $\frac{7}{12}$　❷ $\frac{9}{10}$　❸ $\frac{5}{12}$　❹ $\frac{23}{24}$
❺ $\frac{1}{2}$　❻ $\frac{5}{6}$　❼ $\frac{16}{15}\left(1\frac{1}{15}\right)$
❽ $\frac{23}{15}\left(1\frac{8}{15}\right)$　❾ $3\frac{31}{40}$　❿ $2\frac{2}{9}$

★ ★ ★

1 ❶ $\frac{11}{14}$　❷ $\frac{26}{35}$　❸ $\frac{31}{24}\left(1\frac{7}{24}\right)$
❹ $\frac{67}{90}$　❺ $6\frac{13}{24}$　❻ $3\frac{13}{30}$
❼ $6\frac{7}{24}$　❽ $8\frac{1}{6}$　❾ $2\frac{7}{8}$

⑩ $8\frac{1}{14}$

2 $\frac{5}{8}+\frac{3}{7}=\frac{59}{56}\left(1\frac{3}{56}\right)$

$\frac{59}{56}\left(1\frac{3}{56}\right)$L

3 $1\frac{2}{9}+1\frac{5}{6}=3\frac{1}{18}$　$3\frac{1}{18}$m

17　35・36ページ

1 ① 8、3、5　② 14、9、3

2 ① $\frac{1}{6}$　② $\frac{5}{24}$　③ $\frac{1}{3}$　④ $\frac{1}{5}$

⑤ $\frac{11}{18}$　⑥ $\frac{7}{6}\left(1\frac{1}{6}\right)$　⑦ $1\frac{1}{6}$

⑧ $2\frac{9}{10}$　⑨ $\frac{3}{8}$　⑩ $\frac{7}{5}\left(1\frac{2}{5}\right)$

★ ★ ★

1 ① $\frac{13}{28}$　② $\frac{1}{2}$　③ $\frac{3}{8}$　④ $\frac{1}{2}$

⑤ $1\frac{4}{9}$　⑥ $\frac{23}{24}$　⑦ $2\frac{5}{6}$

⑧ $1\frac{7}{15}$　⑨ $\frac{11}{12}$　⑩ $\frac{15}{16}$

2 $\frac{8}{9}-\frac{2}{3}=\frac{2}{9}$　$\frac{2}{9}$kg

3 $\frac{4}{5}-\frac{3}{10}=\frac{1}{2}$　ゆうとさん、$\frac{1}{2}$L

18　37・38ページ

1 ① $\frac{3}{5}$　② $\frac{7}{12}$

2 ① $\frac{3}{7}$倍　② $\frac{4}{5}$倍

3 ① 0.7　② 0.25　③ 3

④ 0.43　⑤ 2.4

⑥ $\frac{13}{10}$　⑦ $\frac{39}{100}$　⑧ $\frac{6}{1}$

4 ① 0.4　② 1.6　③ 2.2

④ $\frac{3}{5}$　⑤ $1\frac{1}{5}\left(\frac{6}{5}\right)$　⑥ $2\frac{2}{5}\left(\frac{12}{5}\right)$

★ ★ ★

1 ① B…$\frac{5}{17}$倍　C…$\frac{22}{17}\left(1\frac{5}{17}\right)$倍

② $\frac{5}{22}$倍

2 ① 分数…$\frac{1}{4}$L　小数…0.25L

② 分数…$\frac{4}{5}$m　小数…0.8m

3 ① 0.24　② $\frac{7}{100}$　③ $\frac{121}{100}$　④ 5

4 $\frac{2}{5}$、$\frac{2}{3}$、0.7、1.5、$1\frac{3}{4}$

19　39・40ページ

1 ① 108÷135＝0.8　0.8

② 102÷120＝0.85　0.85

③ ゆうきさん

2 ① 53%　② 90%　③ 61.4%

④ 0.38　⑤ 0.2　⑥ 0.07

3 180÷150×100＝120

120%

★ ★ ★

1 ㋐ 74%　㋑ 7割4分

㋒ 0.5　㋓ 50%

㋔ 1.6　㋕ 16割

㋖ 20.5%　㋗ 2割5厘

2 ① 12÷15×100＝80　80%

❷ $15 \div 12 \times 100 = 125$ 125%

3 $225 \div 300 = 0.75$ 7割5分

20 41・42ページ

1 ❶ $6 \times 3 = 18$ 18cm²

❷ $8 \times 9 = 72$ 72cm²

❸ $9 \times 6 = 54$ 54cm²

❹ $4 \times 12 = 48$ 48cm²

2 $72 \div 8 = 9$ 9

★ ★ ★

1 ❶ $5 \times 5 = 25$ 25cm²

❷ $2.5 \times 2 = 5$ 5cm²

❸ $7 \times 8 = 56$ 56m²

❹ $2 \times 4.5 = 9$ 9cm²

2 ㋐…$12 \div 4 = 3$

$3 \times 3 = 9$ 9cm²

㋑…$1 \times 3 = 3$ 3cm²

21 43・44ページ

1 ❶ $7 \times 4 \div 2 = 14$ 14cm²

❷ $8 \times 7 \div 2 = 28$ 28cm²

❸ $3 \times 10 \div 2 = 15$ 15cm²

❹ $5 \times 6 \div 2 = 15$ 15m²

2 ㋑…$12 \times 2 \div 4 = 6$

$6 \times 6 \div 2 = 18$ 18cm²

㋒…$9 \times 6 \div 2 = 27$ 27cm²

★ ★ ★

1 ❶ $6 \times 9 \div 2 = 27$ 27cm²

❷ $12 \times 5 \div 2 = 30$ 30cm²

❸ $4 \times 8 \div 2 = 16$ 16cm²

❹ $4 \times 9 \div 2 = 18$ 18m²

2 ❶ $16 \times 12 \div 2 = 96$ 96cm²

❷ $96 \times 2 \div 20 = 9.6$ 9.6cm

22 45・46ページ

1 ❶ $(4+7) \times 4 \div 2 = 22$ 22cm²

❷ $(5+7) \times 5 \div 2 = 30$ 30cm²

❸ $5 \times 10 \div 2 = 25$ 25cm²

❹ $4 \times 6 \div 2 = 12$ 12cm²

2 ㋐ 3 ㋑ 4 ㋒ 5 ㋓ 6

★ ★ ★

1 ❶ $(8+15) \times 6 \div 2 = 69$

69cm²

❷ $16 \times 12 \div 2 = 96$ 96cm²

❸ $8 \times (5+5) \div 2 = 40$

40cm²

❹ $9 \times 6 \div 2 + 8 \times 5 \div 2 = 47$

47cm²

2 ❶ $(6+5) \times 2 \div 2 = 11$

11cm²

❷ $14 \times 5 \div 2 + 18 \times 7 \div 2 + 18 \times 10 \div 2 = 188$ 188cm²

23 47・48ページ

1 ❶ 正八角形 ❷ 45°

❸ 二等辺三角形

2 72°

3 ㋑、㋒

★ ★ ★

1 ❶ 辺BC…4cm、辺AF…4cm

❷ 60° ❸ 60° ❹ 正三角形

2 ❶ 8本 ❷ 90° ❸ 135°

24 49・50ページ

1 ❶ $10 \times 3.14 = 31.4$

31.4cm

❷ $4\times2\times3.14=25.12$ 25.12cm
❸ $12\times3.14=37.68$ 37.68cm
2 $25.12\div3.14=8$ 8cm
3 ❶ 3.14cm
❷ $3\times2\times3.14=18.84$ 18.84cm

★ ★ ★

1 ❶ $4.5\times2\times3.14=28.26$ 28.26cm
❷ $50\times3.14=157$ 157cm
❸ $15.7\div3.14=5$ 5cm
2 $20\times3.14\div2+10\times3.14\div2+10=57.1$ 57.1cm
3 $64\times3.14=200.96$ 200.96cm
4 $50\div3.14=15.9\cdots$ 約16m

25 51・52ページ

1 ❶ 8cm^3 ❷ 36cm^3 ❸ 15cm^3
2 ❶ $10\times10\times10=1000$ 1000cm^3
❷ $7\times15\times8=840$ 840cm^3
❸ $25\times10\times2=500$ 500cm^3
❹ $30\times6\times6=1080$ 1080cm^3

★ ★ ★

1 $10.5\times2.4\times10=252$ 252cm^3
2 $9\times9\times9=729$ 729cm^3
3 ❶ $8\times8\times4=256$ 256cm^3
❷ $3\times7\times1=21$ 21cm^3
4 $6\times6\times6=216$
$216\div(9\times3)=8$ 8cm

26 53・54ページ

1 ❶ 6000000 ❷ 5000
❸ 500 ❹ 4
2 ❶ $3\times0.75\times2=4.5$ 4.5m^3、4500000cm^3
❷ $0.4\times0.4\times1.5=0.24$ 0.24m^3、240000cm^3
3 $4\times9\times8-4\times6\times2=240$ 240cm^3

★ ★ ★

1 ❶ $0.5\times0.8\times0.6=0.24$ 0.24m^3
❷ $2\times0.4\times0.6=0.48$ 0.48m^3
2 ❶ $10\times15\times5-6\times15\times(5-2)=480$ 480cm^3
❷ $10\times30\times7-3\times3\times3=2073$ 2073cm^3
3 ❶ 15cm、18cm、10cm
❷ $15\times18\times10=2700$ 2700cm^3

27 55・56ページ

1 $132\div120=1.1$ 1.1
2 ❶ 6800 ❷ 45
3 $60\times1.2=72$ 72人
4 $4500\times(1-0.2)=3600$ 3600円
5 $90\div0.25=360$ 360m^2

★ ★ ★

1 ❶ 2100 ❷ 1800
❸ 320 ❹ 1900

2 $530-500=30$

$30\div500\times100=6$　　6%

3 $120\times(1-0.85)=18$

18ページ

4 $624\div0.32=1950$　1950さつ

28　57・58ページ

1 ❶ 42%、15%、14%

❷ $24\times0.18=4.32$　4.32km^2

2 ❶ 36%、13%、11%

❷ 250000×0.09

$=22500$　　22500円

★ ★ ★

1

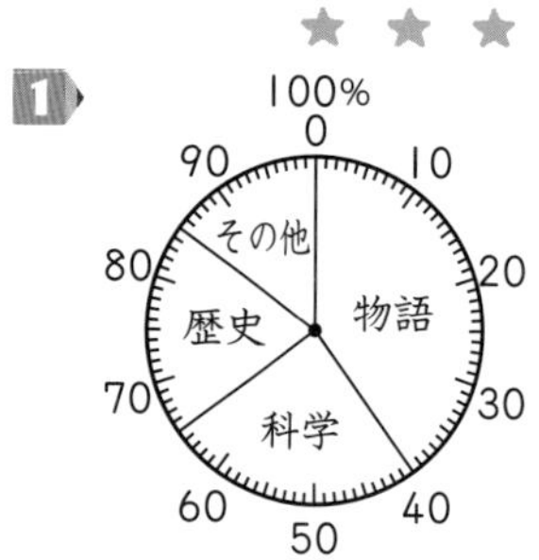

2 ❶㋐ 20 ㋑ 17 ㋒ 15 ㋓ 15

❷

0 10 20 30 40 50 60 70 80 90 100(%)

校庭	ろうか	教室	体育館	その他

29　59・60ページ

1 ❶ 三角柱 ❷ 円柱　❸ 五角柱

2 ㋐ 三角形 ㋑ 3 ㋒ 6 ㋓ 9

㋔ 六角形 ㋕ 6 ㋖ 12 ㋗ 18

3 ❶ 6cm　❷ 4cm

❸ 点A、点E

★ ★ ★

1 【例】

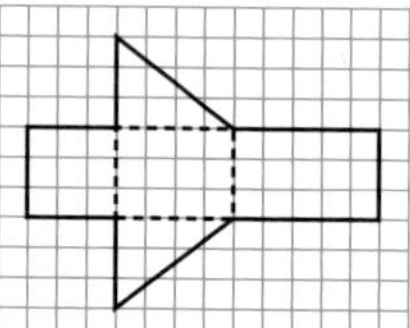

2 ❶ 12.56cm

❷【例】

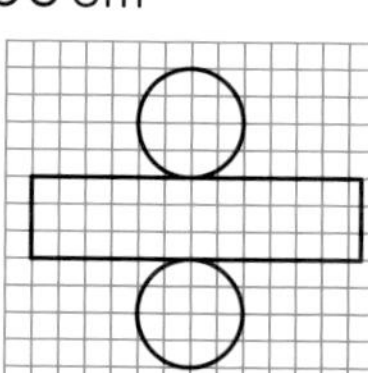

30　61・62ページ

1 ❶ 8%　❷ 500、0.28、140

★ ★ ★

1 ❶ ㋑　　❷ 2020年

31　63ページ

1 ❶ 85.3　　❷ 6.05

2 ❶ 24.44 ❷ 0.9　❸ 12

❹ 3.9　❺ $\frac{13}{24}$　❻ $\frac{35}{36}$

3 ❶ 72　　❷ 45

4 ❶ 1、2、4、8 ❷ 1、7

5 $3.9\div1.5=2.6$　　2.6kg

32　64ページ

1 ❶ $7\times8\div2=28$　　28cm^2

❷ $4\times5=20$　　20cm^2

2 $3\times4\times3-3\times1.5\times2=27$

27m^3

3 $45000\div60=750$

$1200\div750=1.6$　1分36秒

4 $2500\times(1-0.3)=1750$　1750円

3 2 1 0 9 8 7 6 5 4
＊ ＊ D C B A